U0064312

理化不可怕，理化真好玩

全世界都在玩的
科學遊戲

下

妙趣無窮的光・電磁的搞怪把戲・揭示重心的秘密・神奇的生物世界・和人體有關的小遊戲

腦力&創意工作室◎編著　　藍彥文◎審訂

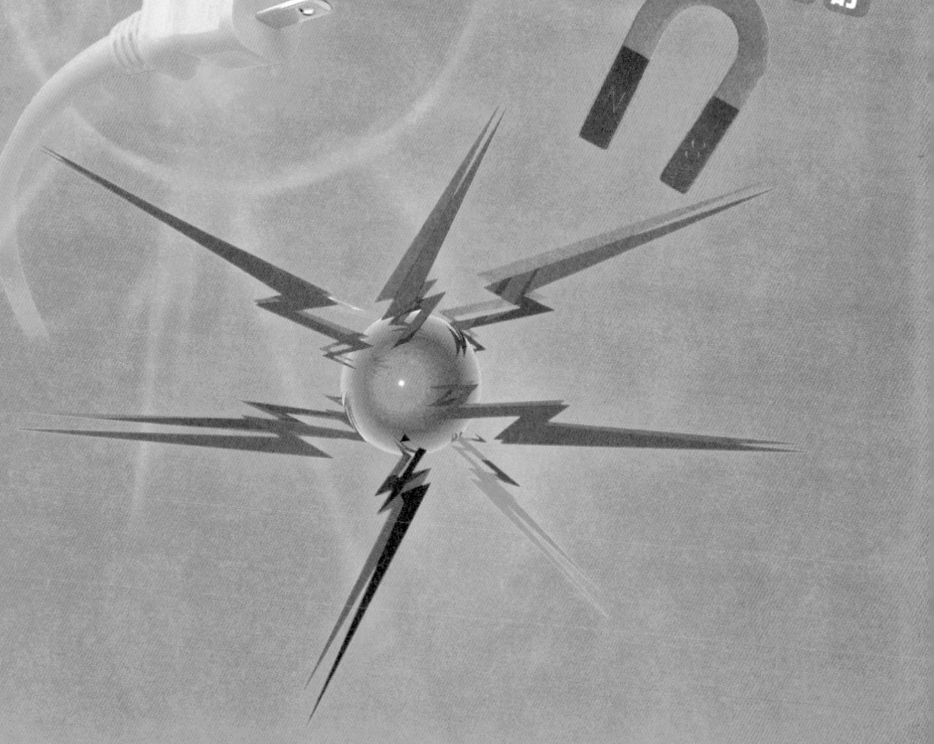

前 言

科學知識既不枯燥，亦不乏味，而是妙趣橫生。

真正的科學，它不是書本裡的條條框框，也不是遙不可及的神秘事物，它就悄悄地藏在我們每個人的身邊。許多生活中的小事，都暗含著無窮的科學道理，只是你尚無察覺而已。抬頭看看天空的白雲，低頭看看腳下的土地，再看看你周圍的一切，你不好奇嗎？你不想去探究嗎？

科學可以啟發人的智慧，遊戲則會帶來心靈的歡娛。當科學與遊戲撞出智慧的火花時，一切神秘和神奇的事，都會在本書中呈現！

你見過不用通電就可以點亮的燈泡嗎？你信不信水火可以相容呢？你想親手做一個保溫瓶嗎？你想成為一個百事通嗎？是什麼魔力讓紙做的花慢慢開放的？可樂罐又怎麼自己跳起舞來？冰又怎麼能讓熱水沸騰？

讀完這本書之後，你會找到所有的答案：生活原來是如此與眾不同！

如果你對物理和化學心生畏懼，無論怎麼努力也無法記住那些繁瑣的公式和原理，不妨翻開這本書。所謂興趣是最大的老師，我相信，你

一定可以從這些輕鬆有趣的遊戲中找到學習的樂趣之源！

　　魔術師神秘莫測的表演，會不會讓你疑雲重重，迫切想揭開謎底呢？編者可以高興地告訴你，本書收錄了很多有趣的魔術表演哦，並且這些的「技巧」和把戲都被一一揭曉了。看過之後，你甚至能對著朋友表演幾個小魔術呢，想一想，那是多麼有意思的事情啊！

　　總而言之，這本《全世界都在玩的科學遊戲》（上、下冊）將用圖文對照的方式伴你走過一段妙趣橫生、奇異魔幻的科學之旅。書中精心打造的200多個科學遊戲，旨在用隨手可得的材料，簡明易懂的步驟，驚奇有趣的結果，寓科學原理於遊戲中。它將幫助你突破思維的暗礁，從動手操作中，領略發現科學原理的妙處，讓知識改變你的生活。也許，下一個被「蘋果」砸到的人就是你！

　　科學就在你身邊，還猶豫什麼呢？快加入我們的行列，一邊快樂做遊戲，一邊輕鬆學知識，讓神秘盡在你手中實現吧！

　　最後編者需要提醒一下小朋友，書中有部分的科學實驗需要使用到化學原料以及火，具有些微的危險性，請在有家長或老師的陪伴下進行，以確保安全。

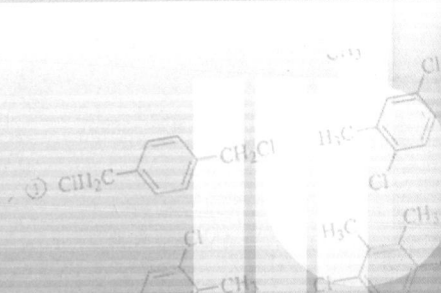

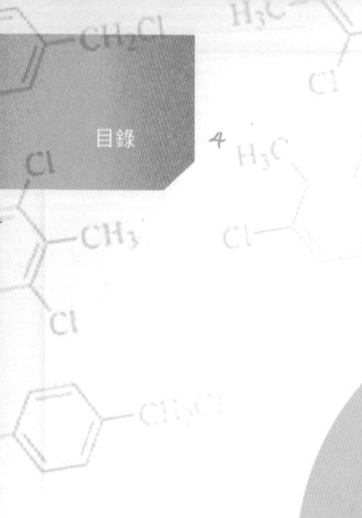

第一章
多彩的物理王國

9

第二節 不可小瞧的空氣　　44

第一章

多彩的物理王國

E=MC2

第一節

電磁的搞怪把戲

１、體會被電的感覺

電在我們的生活中用處很大，但是電也很危險。凡是帶電的東西，小朋友們千萬不要隨便觸摸。不過下面的科學遊戲能讓你體驗到看不見的電的存在，既不危險又很好玩，趕快來試試吧！

遊戲道具

一個檸檬，小盤子，9條2.5×5公分的紙巾，5枚5元硬幣，5枚1元硬幣。

遊戲步驟

第一步：把檸檬汁擠到小盤子中。

第二步：將紙巾條浸泡在檸檬汁裡。

第三步：把硬幣疊起，5元和1元的硬幣交互疊放，中間用浸泡過檸檬汁的紙巾分隔開。

第四步：雙手各伸出一根手指，用水弄濕，將這疊錢幣夾在手指中間。

遊戲現象

實驗中你會感到小震動或體會到癢癢的感覺。

科學揭秘

其實這個方法製作的是一個土電池，是我們日常用的電池的前身。因為檸檬汁是一種酸液，它會傳導兩種不同金屬做成的硬幣所產生的電。

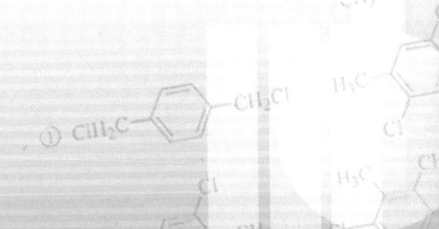

2、巧妙分辨食鹽和胡椒粉

　　胡椒粉和鹽不小心裝錯了瓶子，假如你對胡椒粉過敏，無法進行品嚐分辨，該怎樣區分開呢？下面這個科學小遊戲，會告訴你方法。

遊戲道具

　　每人一把塑膠湯勺；每人一勺鹽、半勺胡椒粉。

遊戲規則

第一步：裁判一人；參加遊戲者兩人以上。

第二步：拿到材料之後，裁判發出指令，宣佈比賽開始。

第三步：誰最先將胡椒粉和鹽分開，誰就得第一。

第四步：用口品嚐和用眼睛來分辨，都有悖科學精神，「嚴厲」禁止。

最優玩法

　　遊戲者在聽到口令之後，將塑膠湯勺在毛衣或者其他毛料布上摩擦一會兒，然後用湯勺逐漸靠近相鄰的鹽和胡椒粉。

遊戲現象

　　胡椒粉就會跳起來，被吸附在塑膠湯勺上。

科學揭秘

　　優勝者的最優玩法，涉及到物理中的靜電常識。塑膠湯勺在衣服上摩擦，會產生電荷，有了吸引力。胡椒粉的重量要比鹽輕，所以帶有靜電的湯勺，將胡椒粉吸了上來。如果湯勺放的太低，那麼鹽分也有可能被吸附上來。

3、電路是怎麼一回事？

電是怎樣透過電線來進行照明的呢？

遊戲道具

4.5伏特的電池一個，長約二十公分的電線兩條，小燈泡一個，打火機一個

遊戲步驟

第一步：用打火機將電線兩頭的塑膠皮燙軟，然後擼掉。

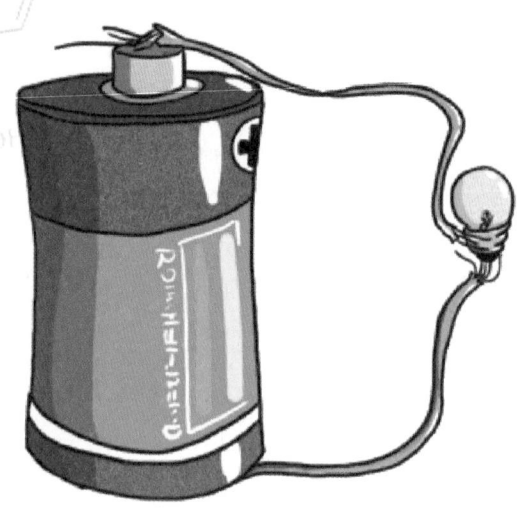

第二步：兩條電線各一端，分別接到電池的接觸點上。

第三步：兩條電線的另外一端，一截和小燈泡螺旋燈口底端的電觸點相接觸，另一截接觸到螺旋燈口的側面，觀察現象。

遊戲現象

小燈泡亮了起來。

科學揭秘

電池通過內部化學的氧化還原反應，在正極負極間產生電位差，然後透過電線連接燈泡形成一個封閉的迴路，這個路徑就是電路。

　　電位是指電荷在靜電場中所感受到的能量大小，類似水位高低所形成的水壓。電荷喜歡由電位高的負極跑到電位低的正極。

　　電池能夠在電路兩邊，保持一定的電位差，所以產生電流，小燈泡可以被點亮。

4、人造閃電

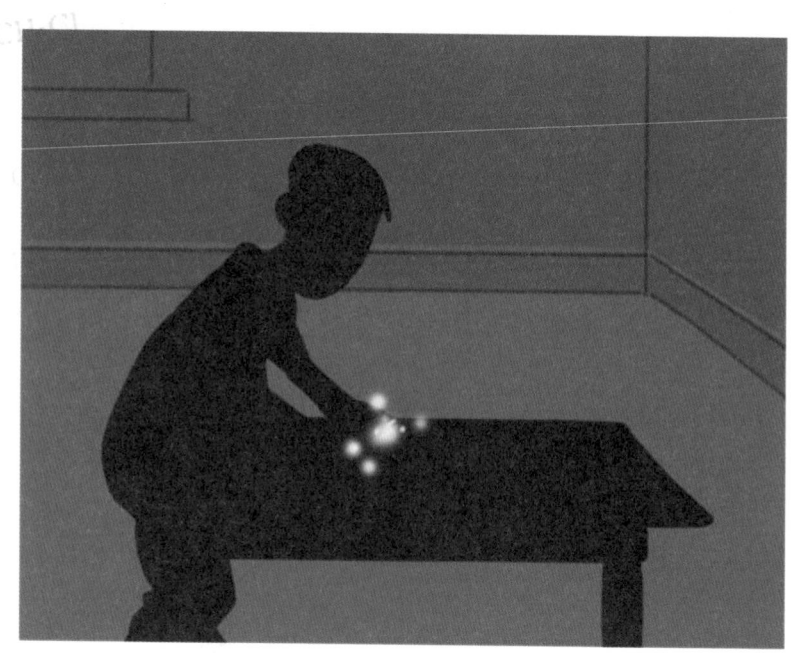

　　雷雨之夜，轉瞬即逝的閃電讓人心驚膽顫。如果你想近距離觀察閃電，不妨按照下面這個科學小遊戲，來一個自造閃電。

遊戲道具

　　一個大平底鐵盤，一塊塑膠布，橡皮擦一大塊，硬幣一枚。

遊戲步驟

第一步：將橡皮擦黏在鐵盤子中央（黏貼的要足夠牢固，能將鐵盤子帶起來）。

第二步：將塑膠布平舖在桌子上，手握住橡皮擦，在塑膠布上蹭圈子，
　　　　用時大約一分鐘。

第三步：關掉房間內的燈，讓房間處於黑暗之中。抓住橡皮擦，注意手
　　　　指不要碰到鐵盤子，用硬幣和鐵盤子相接觸，觀察現象。

遊戲現象

你會發現，當硬幣和鐵盤子接觸的時候，會發出微弱的火花。

科學揭秘

我們先明白兩個概念——正電和負電。我們知道，電是一種自然現
象，分為正電和負電。被絲綢摩擦過的玻璃棒帶正電荷，被毛皮摩擦過
的橡膠棒帶負電荷。

鐵盤子在塑膠布上反覆摩擦，帶上了負電。當硬幣和鐵盤子相接觸
時，多出的電荷，開始了放電，透過空氣迅速傳到硬幣上。電在空氣中
傳播，表現為火花，其實就是微型的閃電。

5、雲層的祕密

閃電是大氣雲團中發生放電時伴隨產生的強烈閃光現象。閃電可能出現在各種位置：雲層與大地之間、雲層與雲層之間，甚至雲層內部。你想不想自己做個小型閃電來玩呢？

遊戲道具

廚房用隔熱手套，氣球，釘子（長約五公分）。

遊戲步驟

第一步：戴上廚房用隔熱手套，吹起氣球。

第二步：一隻手拿氣球，另一隻手拿釘子。

第三步：將氣球在你的衣服或頭髮上摩擦半分鐘，慢慢地將釘子接近氣球。

遊戲現象

當釘子的尖頭接近氣球時，你會聽到輕微的「劈啪」聲；運氣好的話，還能看到細微的閃光。

科學揭秘

在摩擦氣球時，氣球獲得電荷。當釘子的尖頭接近氣球時，氣球所帶的電荷會向釘子方向集中。而當電荷聚集的數量多到一定程度時，氣球就會向釘子尖頭一端釋放電荷。這個釋放電荷的過程也是加熱空氣的過程，所以空氣會發生小型爆炸，進而產生「劈啪」聲。假如室內相當乾燥，而釋放的電荷又足夠強烈，我們就能看到閃光了。

遊戲提醒

為了達到最佳的效果，最好到一個較暗的房間裡做上面的實驗科學遊戲。

6、電磁小遊戲

早在1820年，丹麥科學家奧斯特就發現了電流的磁效應，第一次揭示了磁與電存在聯繫，進而把電學和磁學聯繫起來。在下面的這個小遊戲中，我們可以清楚地看到磁電之間的關係。

遊戲道具

電池兩三個，導線一公尺左右，鐵釘一枚，大頭針數枚，小指針一塊，塑膠導線適量。

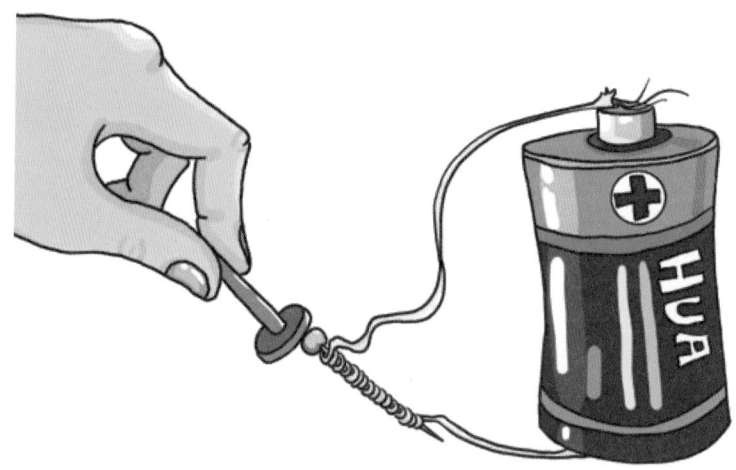

遊戲步驟

第一步：大頭針上纏繞塑膠導線，塑膠導線在纏繞的時候要細密，多纏繞幾匝。

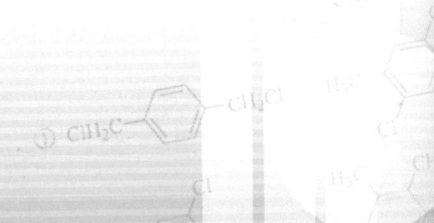

第二步：將塑膠導線的兩
　　　　頭分別接在電池
　　　　的兩極上，用大
　　　　鐵釘靠近大頭
　　　　針，觀察現象。
第三步：將導線拉直，下
　　　　方平行放置小指
　　　　針。將導線兩頭
　　　　接在電池的兩極上，觀察現象。

遊戲現象

在第二步中，大鐵釘莫名其妙地有了磁力，將大頭針吸了起來；當斷電後，鐵釘的磁力消失了；第三步，接通電源後小指針發生了偏轉，斷電後小指針恢復了正常。

科學揭秘

這充分說明了電能產生磁力，通電導線的周圍，存在著磁場。

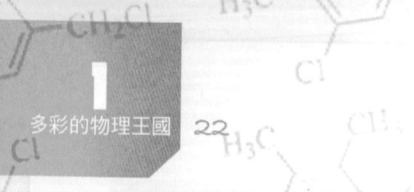

7、受熱的磁鐵

磁鐵的磁力是永恆的嗎？加熱磁鐵遊戲，可以給你明確的答案。

遊戲道具

磁鐵一塊，火爐子一個（或者酒精燈），長柄鐵夾子一個，大頭針數枚。

遊戲步驟

第一步：先將大頭針散落在桌子上，用磁鐵靠近大頭針，體驗磁鐵的磁性。然後將磁鐵用鐵夾子夾住，放在火爐子或酒精燈上加熱。

第二步：加熱到一定溫度後，冷卻，然後靠近擺放在桌子上的大頭針，觀察現象。

遊戲現象

高溫受熱後的磁鐵，磁力明顯減弱。如果持續長時間加溫，磁鐵的磁力會消失。

科學揭秘

磁體按照磁性的來源，分為兩種，一種是硬磁材料（也叫永磁材料、恒磁材料或硬磁材料），指磁化後不易退磁而能長期保留磁性的一種材料。我們日常生活中常見的磁鐵，比如收音機的音箱中的磁鐵，都是硬磁材料製成的；一種是軟磁材料，磁性比較容易自然消失。

硬磁材料的磁性，是在充磁機裡「充」出來的，充磁的原理是：將

硬磁材料放入特製的線圈中，然後讓強大的電流經過線圈，產生了強大的磁場。這種瞬間出現的強大磁場，能令硬磁材料中的內部磁分子排列正氣，也就是被磁化了。

　　硬磁材料儘管不容易消失，但在特殊情況下，磁力會減弱或者消失。永磁鐵的分子排列已經十分有規律了，分子排列得越整齊，其磁力越強。在高溫環境下，磁鐵內分子劇烈運動，會由原來的正氣狀態，變得凌亂不堪，因此，磁鐵的磁力減弱，甚至消失。

8、磁鐵的磁力

磁鐵的磁力，到底會對哪些物質發生作用呢？

遊戲道具

鐵釘，木筷，紙條，銅塊（如果可以的話，找一些純金和純銀製品），小石子，玻璃，磁鐵一塊。

遊戲步驟

第一步：將上述材料分類，放置在桌子上。

第二步：用磁鐵分別靠近上述物品，觀察現象。

遊戲現象

磁鐵除了能將鐵釘吸起來之外，對其他物品都無法產生磁力，無法將它們吸起來。

科學揭秘

這是因為磁鐵只能吸引鐵、鈷、鎳等金屬物質，對於非金屬物質，比如玻璃、塑膠、木筷、石頭等，都沒有吸引力。磁鐵並非對所有的金屬物質都具有吸引力，經過上述遊戲可以看出，磁鐵對於金、銀和銅，也是沒有吸引力的。

9、鐵釘為什麼有磁性了？

一根普通的鐵釘，用什麼最簡單的方法能使之具有磁性呢？

遊戲道具

鐵釘一枚，磁鐵一塊，細鐵屑少許。

遊戲步驟

第一步：將細鐵屑灑在白紙上。

第二步：鐵釘在磁鐵上摩擦幾下，然後靠近細鐵屑，觀察現象。

遊戲現象

鐵釘具備了磁性，細鐵屑被吸了起來。

科學揭秘

這是因為磁鐵具有順磁性。磁鐵的周圍，是一個「強力」磁場，鐵釘在磁場的作用下，其內部的電子排列順序發生了變化，具有了磁性。

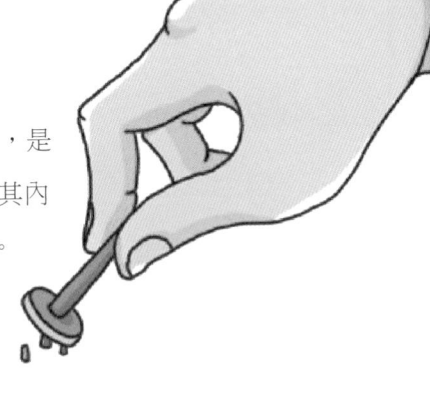

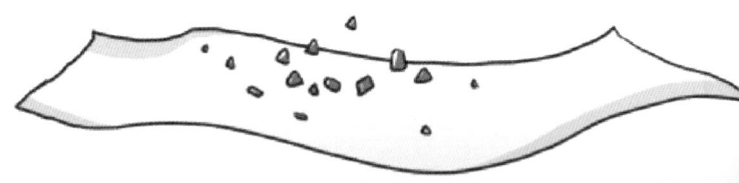

10、被敲打的鐵棒

　　用鐵錘敲打一根鐵棒，除了聽到清脆的撞擊聲外，還會產生什麼呢？

遊戲道具

　　鐵棒一根，鐵錘一把，細碎的鐵屑少許。

遊戲步驟

第一步：將鐵棒拿在手中，呈南北方向和地面水平，鐵錘對著鐵棒敲打　　　　　幾下，然後靠近灑在紙上的鐵屑，觀察現象。

第二步：將鐵棒調轉方向，呈東西方向，然後再用鐵錘敲打，觀察現　　　　　象。

遊戲現象

　　在第一步中你會看到，鐵棒被敲打後具有了磁性，將白紙上的細碎鐵屑吸了起來；在第二步你會看到，鐵棒被敲打後，磁性消失了，吸附在鐵棒上的鐵屑掉了下來。

科學揭秘

　　我們生活的地球，被從南北極發出的磁力線包圍著。鐵棒在南北方向的時候，受到了震動，鐵棒中的磁粒子發生了位置轉移，在磁力線的作用下指向了北方，所以，鐵棒產生了磁力。鐵棒對準東西方向，受到振動後磁粒子位置再次移動，發生了混亂，所以磁力消失。

　　鐵棒在這種情況下，產生的磁性是極其微弱的。如果無法用鐵屑測出鐵棒是否具有磁性，我們可以改用指南針。即便是最微弱的磁性，指南針也能對此做出反應。指南針具有南北兩極，而帶磁力的鐵棒，即便磁力極其微弱，也有南北兩極。當帶磁力的鐵棒接近指南針時，鑑於同性相斥、異性相吸的原則，指南針的一端就會被鐵棒吸引，而另一端則會被鐵棒排斥。如果鐵棒沒有磁性，指南針會保持原貌不動。

11、鉛筆為什麼會轉動？

一枝鉛筆，在磁鐵面前為什麼會轉動呢？

遊戲道具

鉛筆一枝，磁鐵一塊。

遊戲步驟

第一步：將鉛筆平衡支在一個可以自由轉動的點上，比如下面橫著放一個圓柱形的物體。

第二步：磁鐵靠近鉛筆尖，觀察現象。

遊戲現象

鉛筆隨著磁鐵轉了起來。

科學揭秘

這是因為鉛筆中的石墨，被磁鐵所吸引的緣故。石墨中的微小磁顆粒，在石墨體內混亂地排列著，磁鐵發出的磁力，使得石墨顆粒發生了有序排列，石墨被磁化，出現了南北兩極，隨後被磁鐵所吸引。

12、水中游走的磁鴨子

你知道什麼是磁鴨子嗎？認真看完下面的科學小遊戲，你就能親手製作了。

遊戲道具

磁鐵一塊，大頭針兩枚，彩紙兩張，剪刀一把，膠帶適量，臉盆一個。

遊戲步驟

第一步：用剪刀將彩紙剪成兩個鴨子的形狀。

第二步：大頭針反覆在磁鐵上摩擦幾次，使之磁化，然後用膠帶紙將大頭針黏貼在鴨子頸部。

第三步：用剩餘的彩紙，在鴨子底部製作一個底座，使鴨子能夠直立。

第四步：臉盆內裝水，將兩個磁鴨子放進水盆，觀察現象。

遊戲現象

磁鴨子在盆子裡面，一開始做著弧形運動，繼而嘴巴和頭部互相黏貼在了一起，轉向了東西方向。最令人忍俊不禁的是，兩隻鴨子嘴對嘴，童趣盎然。

科學揭秘

鴨子在臉盆裡面的運動，來自於各方面力量的作用：兩個磁鐵，相反磁極的吸引、同樣磁極的排斥，還有地磁場的作用。

13、看得見的磁力線

　　磁力線是人們定義的假象線，是沒有具體形狀的。但是，下面這個科學小遊戲，卻能使你清楚地看到磁力線的「形狀」。

遊戲道具

　　白紙一張，磁鐵一塊，鐵挫一把，廢鐵一塊。

遊戲步驟

第一步：用鐵挫將廢鐵反覆挫割，將鐵挫銼下來的細碎鐵屑收集起來；

第二步：白紙下面放置磁鐵，白紙上面灑上細碎鐵屑，輕輕敲打白紙，觀察現象。

遊戲現象

在白紙上面，碎鐵屑排列成環形曲線的形狀，這就是磁力線。

科學揭秘

科學研究發現，在地球的磁場中，有無數條和磁感應相切的線，這就是磁力線。鐵屑在磁鐵上面形成的圖形，正是磁力線的假象圖形。

磁力線不但能看得見還能固定得住，具體方法是：取融化了的蠟溶液，將白紙浸入其中，拿出來冷卻。然後按照遊戲中提供的方法，在白紙上灑上細碎鐵屑，細碎鐵屑排列成磁力線後，用燒熱的熨斗接近磁力線，蠟燭溶液在熨斗的熱量下稍微融化，細碎鐵屑就被蠟油黏貼在白紙上了。這樣，磁力線就被固定了下來。

14、磁力的穿透性

　　實驗證明，磁體的磁力具有很強的穿透性，下面這個小遊戲能充分說明這一點。

遊戲道具

　　玻璃杯一個，不銹鋼杯一個，迴紋針數枚，磁鐵一塊。

遊戲步驟

第一步：玻璃杯和不銹鋼杯內裝水，各放入幾個迴紋針。

第二步：磁鐵放在水杯外壁，觀察現象。

遊戲現象

兩個杯子裡面的迴紋針，紛紛被杯子外的磁鐵吸了過去。磁鐵沿著杯壁向上走，迴紋針也跟著向上走；磁鐵沿著杯壁向下，磁鐵也向下。

科學揭秘

磁鐵隔著玻璃（不銹鋼）和水，同樣能對金屬鐵製品產生磁力，這說明磁力的穿透性是比較強的。但磁鐵在不銹鋼杯壁上的磁力，要小一些，因為磁力被不銹鋼吸收了一些。

在這一點上，磁力和電力是有區別的。

電流經過的地方所形成的電場，很容易被金屬外殼、鋼筋混凝土等建築物隔斷。比如變壓器等電力設施，外面包著一層金屬殼，所以變壓器的外面，幾乎沒有電場。而磁場卻與之相反，磁場很難隔絕，比如地球的南北極磁場，對地球上任何地方的指南針，都發生作用力。但大小相同、方向相反的電流所產生的磁場，可以互相抵消。

反覆的科學實驗證明，磁力可以穿透物質和物體。

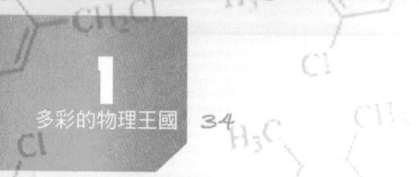

15、磁鐵釣魚

上面的遊戲告訴大家，磁力是具有「穿透力」的。下面這個小遊戲，讓你體驗磁力是如何作用於一定距離之外的物品的。

遊戲道具

大頭針一枚，彩紙一張，剪刀一把，磁鐵一塊，細繩三十公分，膠帶少許，臉盆一個，長竹竿一根。

遊戲步驟

第一步：用剪刀將彩紙剪成金魚狀，魚腮用膠帶黏上一枚大頭針。

第二步：竹竿上面繫上細繩，將磁鐵拴在細繩上。

第三步：臉盆內放入水，將小魚放在水裡。

第四步：用竹竿吊著磁鐵，向水平面接近，觀察現象。

遊戲現象

當磁鐵下降到一定高度的時候，水中的金魚一躍而起，被磁鐵吊了上來。

科學揭秘

這個遊戲說明，磁鐵具有隔空傳遞磁力的作用，能對一定距離之外的物體發生吸引力。磁體的這一特性，被廣泛應用於科學研究中。比如在化學實驗室，科學家們需要將一些數量十分微小卻又十分精細的物質混合，但又不能讓它們接觸到任何沒有徹底消過毒的東西。磁鐵幫助科

學家們實現了這一點。在金屬盤下面安裝一塊磁鐵，金屬盤上面放置試管，將那些需要混合的精細物質裝入試管，然後讓磁鐵有規律地轉動，金屬盤也隨之轉動了起來。試管內的物質受到轉動著的磁力的影響，自動混合起來。

16、磁鐵之間的較量

不同的磁鐵，磁力的強弱會有區別嗎？帶著這個疑問，請看完下面這個小遊戲。

遊戲道具

大小不同的磁鐵三塊，直尺一把，桌子一張，寬度為二十公分、長度為三十公分的白紙一張，鉛筆一枝，三枚一元硬幣。

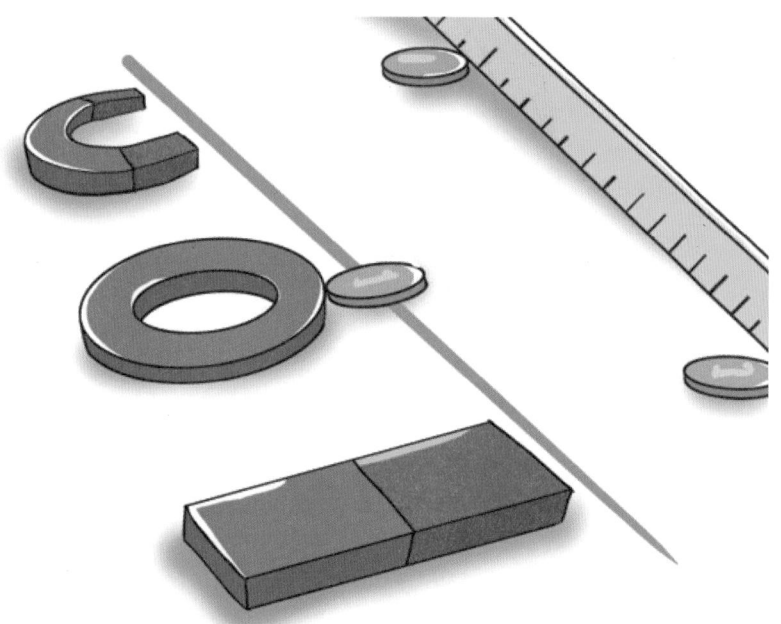

遊戲步驟

第一步：將白紙放在桌子上，在白紙上畫一條直線，讓三塊磁鐵每塊相

距十公分，就像短跑運動員起跑之前一樣，排列在一條直線上。

第二步：每塊磁鐵前面十公分處，相對應有一枚硬幣。

第三步：用直尺對著磁鐵的方向，平行推進，使硬幣和磁鐵的距離逐步縮短，觀察現象。

遊戲現象

有的硬幣很快被前面的磁鐵吸了過去，有的硬幣只有當距離和對應的磁鐵距離很近的時候，才能被吸過去。

科學揭秘

這說明，磁鐵可以對一定距離之外的物品發生作用；不同的磁鐵，磁力的強弱是不一樣的。磁力越大，越能吸引較遠距離的物品。

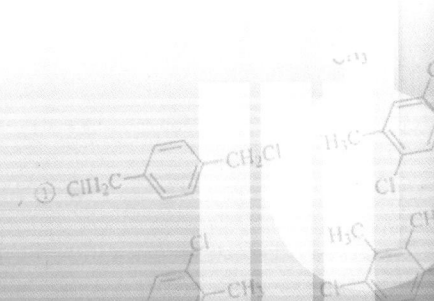

17、磁動力下的玩具車

世界上第一列磁懸浮列車的試運營線，建成於上海。那麼，什麼叫磁懸浮列車呢？下面這個科學小遊戲，能給你簡單明瞭的解釋。

遊戲道具

兩塊磁鐵，膠帶適量，可以自由滑動的玩具車一輛。

遊戲步驟

第一步：將磁鐵用膠帶固定在玩具車上。

第二步：選擇一個光滑平整的地面，放好玩具車。用另一塊磁鐵對著玩具車，觀察現象。

遊戲現象

玩具車或者被吸引過來，或者有一種無形的力，將玩具車向前推去。

科學揭秘

玩具車上的磁鐵，和遊戲者手裡面拿著的磁鐵，同性相斥、異性相吸，作用到玩具車上，產生了機械動能。在這個前提下，我們瞭解一下磁懸浮列車的一些基礎知識。

利用磁體「同性相斥、異性相吸」的原理，磁懸浮列車具有了抗拒地心引力的能力。列車在靠近鐵軌的磁鐵的作用下，完全脫離了軌道，懸浮在距離軌道大約一公分處的空間，騰空奔行。在這種情況下，磁懸浮列車沒有一點摩擦力，所以能達到極高的速度。

18、磁鐵的兩極

　　磁鐵有兩極，這是科學常識。但是，當磁鐵被分割開時，兩極會變成單極嗎？

遊戲道具

　　長鐵釘一根，條形磁鐵一塊，老虎鉗一把。

遊戲步驟

第一步：長鐵釘反覆在磁鐵上摩擦，使之磁化。

第二步：用鐵釘的兩端分別靠近磁鐵的一端，會發現一端被排斥，另一端被吸引。這說明鐵釘形成了磁性的兩極。

第三步：用老虎鉗將鐵釘從中間截斷，取其中的一截，用兩頭分別靠近磁鐵的一端，觀察現象；再用另一截的兩端分別靠近磁鐵，觀察現象；將其中的一截再次截斷，再靠近磁鐵，觀察現象。

遊戲現象

截斷了的鐵釘的兩端，分別被磁鐵排斥和吸引。這說明被截斷的鐵釘，再次具備了磁體的兩極，試探另一截鐵釘，也是如此。將其中的一截再次截斷，再次試驗，也是這種現象。無論截斷多少次，新的一截鐵釘，總有兩個磁極。

科學揭秘

這是因為磁鐵是由很多數不清的小磁鐵組成的，這些小磁鐵被稱為磁性元素，每一個磁性元素都有兩個磁極。所以，儘管將鐵釘截得很小很小，每截鐵釘仍然有兩極。

19、低空飛舞的紙風箏

　　磁力和重力都是兩種力。假如它們之間較量一番，是磁力克服了重力，還是重力贏了磁力呢？

遊戲道具

　　磁鐵一塊，細繩子一根，迴紋針一枚，彩色紙一張，剪刀一把，膠帶少許，鉛筆一枝。

遊戲步驟

第一步：用細繩將磁鐵繫好。

第二步：用鉛筆在彩紙上畫上自己喜歡的圖案，比如小動物等。用剪刀將彩紙剪好，彩紙後面用膠帶黏貼一個長三十公分、寬約五公分的長紙條。一個風箏做成了。

第三步：在風箏的頭部，用膠帶紙黏上迴紋針，將紙風箏放在桌子上。

第四步：用細繩垂吊磁鐵，從空中接近紙風箏，觀察現象。

遊戲現象

　　風箏飛了起來，並且隨著磁鐵移動的方向而移動。

科學揭秘

　　這是因為磁鐵產生的磁力，比紙風箏受到的重力大，所以能將它從桌子上拉起來。在磁力和重力的「較量」中，會根據實際情況，磁力可能大於重力，也可能小於重力，沒有恆定的贏家。

　　磁力能夠克服重力，這在生產活動中具有很高的應用價值。建築物拆毀了，大量的鋼筋等鐵製品和建築垃圾混合在一起。這時候，可以用大型機械吊著巨大的磁鐵，將廢墟中的鋼鐵吸上來，然後進行循環再利用。

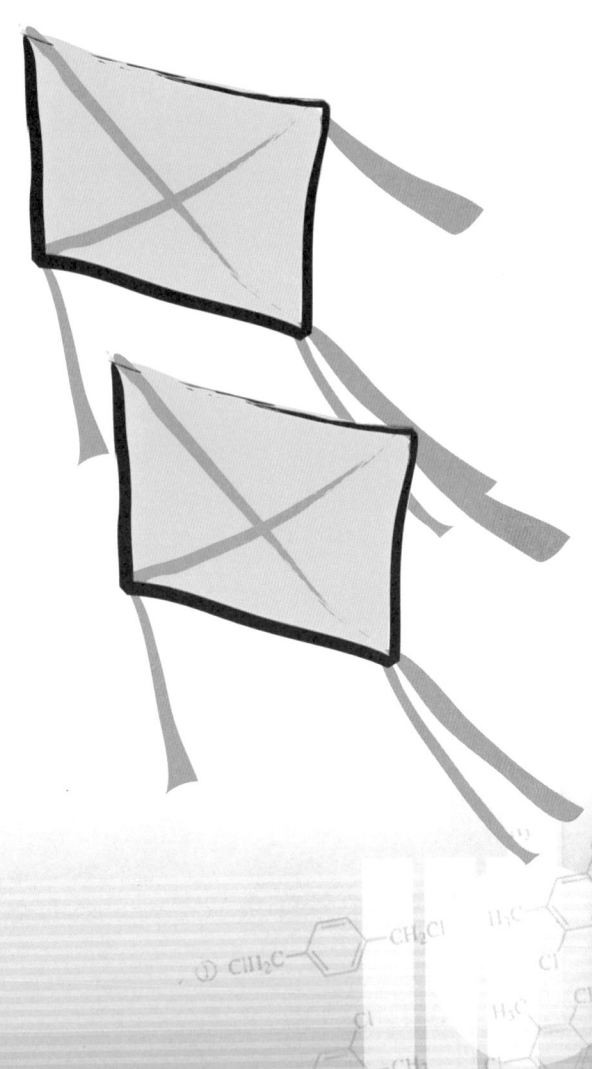

$$E=MC2$$

第二節

不可小瞧的空氣

1、自動瘦身的塑膠瓶

減肥難，自動瘦下來更難。但是有一個塑膠瓶卻具有自動減肥的本領。

遊戲道具

塑膠瓶一個，熱水適量。

遊戲步驟

將塑膠瓶內裝滿熱水，稍等片刻之後，倒掉裡面的水，擰緊瓶蓋，觀察現象。

遊戲現象

你會發現塑膠瓶變扁了，就像減了肥似的。

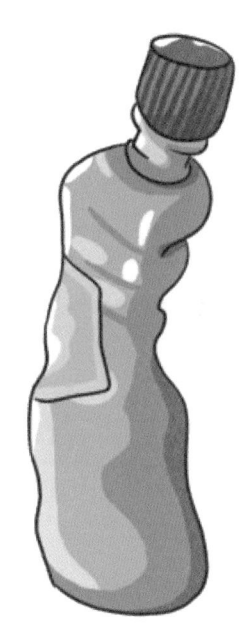

倒掉熱水後的塑料瓶

科學揭秘

這說明，空氣受熱後密度降低，壓力變小。塑膠瓶中的空氣，在裝滿熱水後受熱空氣分子體積膨脹。倒掉熱水蓋緊瓶蓋後，瓶內空氣對內壁的壓力減小，遠遠小於瓶外空氣對瓶子外壁的壓力。瓶子外面的空氣擠壓瓶子，導致瓶子變扁。

2、瓶口上「跳舞」硬幣

　　一枚硬幣在瓶口上「跳舞」，按照下面這個遊戲規則，你會欣賞到這種奇妙的景象。

遊戲道具

　　五元硬幣一枚，小口玻璃瓶一個（汽水瓶、牛奶瓶或者藥水瓶都行，但瓶口要比硬幣稍小）。

遊戲步驟

第一步：將硬幣平放在玻璃瓶口上。

第二步：雙手捂住玻璃瓶，做擠壓狀，觀察現象。

遊戲現象

瓶口的硬幣會上下跳動。

科學揭秘

旁觀者會認為雙手捂瓶子的人將瓶子擠扁了，導致瓶子中的空氣將硬幣頂了上來。其實無論力氣多麼大的人，都無法擠扁瓶子。退一步而言，如果玻璃瓶擠得動，只會擠碎，不會擠扁。

為什麼硬幣會上下跳動呢？這是因為手上的熱量將瓶子中的空氣捂熱了，空氣受熱膨脹，瓶子內部壓強增大，空氣上升，將硬幣頂開，釋放出一部分空氣。當雙手離開瓶子後，硬幣還會上下跳動幾次。

遊戲提醒

要想成功玩這個遊戲，需要注意以下兩點：

① 如果外界氣溫較低，可以先將雙手在熱水裡面浸泡一下，或者雙手反覆對搓，提高雙手的溫度。

② 外界氣溫較高時，可以先將瓶子在冰箱裡面冷凍一下，這樣遊戲的成功率更大了。

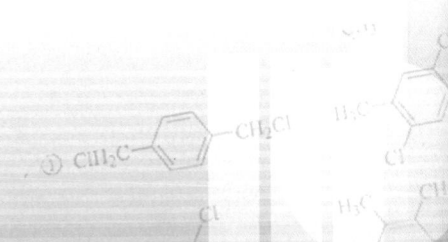

3、氣體舉重機

如果你對別人說：我吹一口氣，能頂起十公斤重的物品，並且能讓這些物品上升到一定高度。別人一定會認為你在吹牛：你又不是神仙，怎麼會有這種本事呢？你要想讓他們相信，不妨現場演練一番。

遊戲道具

結實的塑膠袋（或者牛皮紙袋）一個，袋子的大小能放進去兩本厚書即可；手指粗細的塑膠管一根，塑膠繩三十公分，厚書數本（約十公斤重）。

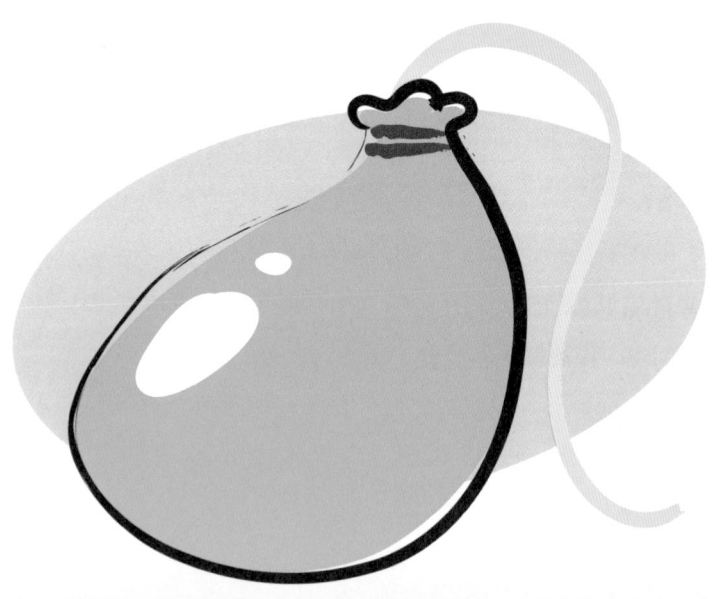

遊戲步驟

第一步：將塑膠管用塑膠繩紮在帶子口，要捆紮得結實、密封。

第二步：將厚書放在塑膠袋上面，對著塑膠管往袋子裡吹氣，觀察現象。

遊戲現象

吹出的氣進入袋子後，袋子慢慢鼓脹起來，袋子上的書開始向上頂起。

科學揭秘

塑膠袋的尺寸設定在長十公分、寬二十公分。你只要吹出超過一個大氣壓的氣，袋子就會得到一個二十公斤的力。因此，舉起十公斤重的物品，也就輕而易舉了。

遊戲提醒

袋子的吹氣口要小，這樣吹起氣來會很容易；吹氣要慢，要均勻。

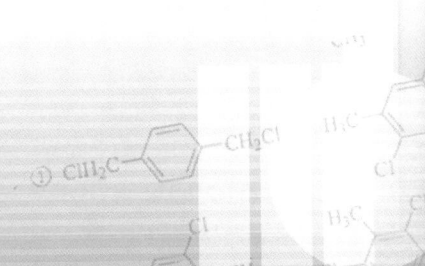

4、兩根管子喝汽水

　　你能用兩根吸管喝同一瓶汽水嗎？在炎炎夏日，你可能認為這可是一件十分愜意的事。但是，兩根吸管會讓極度焦渴的你處於暴怒的境地：我怎麼一滴水也喝不到！

遊戲道具

　　兩根吸管，一瓶汽水。

遊戲步驟

　　口中含著兩根吸管，一根插進汽水瓶內，另一根露在瓶子外面，用力吸。

遊戲現象

儘管你滿頭大汗,憋得臉紅脖子粗,你依然無法喝到瓶子中的汽水。

科學揭秘

我們在用吸管喝飲料的時候,口腔就像一個真空泵。吸氣的時候,口腔內的氣壓降低,外面的氣壓高於口腔內的氣壓,大氣壓迫飲料表面,飲料就沿著吸管,被壓迫到口腔中了。所以,我們就喝到了甜美的飲料。

如果口中含著兩根吸管,暴露在瓶子外面的吸管,隨時給口腔補充空氣,口腔無法形成真空泵。這樣,口腔內的氣壓始終和口腔外的氣壓保持一致,飲料也就沒有壓迫,我們也就無法喝到瓶子裡面的汽水了。

所以,我們常說的吸水,倒不如說「壓水」,更符合科學常識。

遊戲提醒

露在瓶子外面的那根吸管,要保持兩頭暢通,不能塞住任意一頭,否則就算遊戲犯規。

5、無法漏水的「漏洞」

　　無孔不入的水，卻無法從一個破損的漏洞中漏出來，這是為什麼呢？

遊戲道具

　　塑膠瓶一個，錐子（或者剪刀）一把，清水適量。

遊戲步驟

第一步：用錐子在塑膠瓶底鑽一個小孔，用手摀住小孔，往瓶子內裝清水（一定要裝滿水，使瓶子中沒有存留空氣），擰緊瓶蓋，不許漏氣。

第二步：手指離開小孔，看水是否從孔裡面流出來。

遊戲現象

　　水沒從瓶子的漏洞中流出。

科學揭秘

　　要想讓瓶子中的水從漏洞中流出，瓶子裡面水表面的空氣壓力，必須大於或者等於小孔表面的空氣壓力。

　　實際情況是，瓶子中沒有殘留的空氣，由於瓶蓋的保護，外界空氣無法接觸到瓶子中的水，瓶子中的水不受大氣壓力影響，大氣壓力，大於水柱的壓力，所以瓶底雖然有漏洞，水還是流不出來。

　　水流不出來的另一個原因是，水的表面有張力，這個張力就像一層看不見的塑膠薄膜一樣，將水緊緊裹在一起。雖然張力比較小，但當漏洞比較小的時候，水的表面張力也阻擋了水的流出。

6、乒乓球對水柱的「愛戀」

　　乒乓球和一個從水壺嘴噴出來的水柱產生了愛情，否則它們為什麼難捨難分呢？

遊戲道具

　　水壺一個，臉盆一個，乒乓球一個，清水適量。

遊戲步驟

第一步：水壺和臉盆內裝上清水適量。

第二步：乒乓球放在臉盆內。

第三步：提起水壺，對準乒乓球傾倒水，觀察現象。

遊戲現象

　　和一般人的想法所不同的是，乒乓球並沒有被湍急的水柱沖的滿臉盆亂跑，而是忠實地處在水柱的籠罩之下，接受著水柱的「熱烈親吻」。隨著臉盆內水面的升高，乒乓球慢慢浮起來。儘管水壺竄出的水柱令臉盆裡面的水翻滾沸騰，但乒乓球始終不離開衝擊它的水柱。

　　你還可以將乒乓球放在板凳上做這個遊戲。一隻手拿著乒乓球放在板凳上，一隻手拎壺往下倒水，水柱衝擊到乒乓球後，可以放手了（倒水之前手不能離開乒乓球，否則乒乓球就會被沖走）。你會發現，乒乓球被水柱固定在板凳上。這時候你可以手拿水壺，慢慢地向前向後，向左向右移動，這個乒乓球就會聽從水壺的指揮，跟著水柱一起移動。

科學揭秘

乒乓球和水柱之間，之所以密不可分，並不是因為堅貞的愛情，而是空氣氣壓在「作怪」。

當水柱衝擊到乒乓球的時候，乒乓球周圍充滿了流動的水，其周圍的空氣氣壓隨之變小。乒乓球周圍的水流情況發生變化，周圍的空氣壓力也隨之改變，乒乓球在這種空氣壓力之下，不斷自身調節，始終處在水柱底部中央，進而和水柱「相互依偎」。你看，空氣的壓力，是多麼富有神奇效果呀！

7、輕鬆滑行的杯子

一只倒扣在桌子上的杯子，用嘴對著它吹氣，杯子就能輕鬆地在桌子上滑行。即便用一根羽毛，也能將它推得動，你知道這是為什麼嗎？

遊戲道具

玻璃杯兩個，熱水適量，桌子一張（表面要平整光滑）。

遊戲步驟

第一步：先將一個玻璃杯倒扣在桌子上，用嘴吹氣，觀察現象。

第二步：將另一個玻璃杯用熱水沖淋一下，杯子內留下少許熱水，迅速將玻璃杯倒扣在桌子上，用嘴輕吹杯子，觀察現象。

遊戲現象

第一次吹玻璃杯，玻璃杯紋絲不動；第二次吹玻璃杯，玻璃杯在桌面上輕鬆開始滑行，就像溜冰隊員站在溜冰場上，幾乎沒有什麼摩擦力。

科學揭秘

熱水沖淋過的杯子，被迅速倒扣在桌子上，杯中的空氣被杯壁和杯底上的熱水暖熱，迅速膨脹，將倒扣在桌子上的玻璃杯托了起來。被托起來的玻璃杯，和桌子之間有一個很小的縫隙，被從杯壁上流下來的熱水填充。這時候，杯子已經和桌子沒有實質性的接觸了，杯子被支撐在一層超薄的水墊上面，因此，杯子和桌子之間的摩擦力大大削減，很小的外力便能使杯子輕鬆滑行。

8、難以滑動的冷水杯

空氣具有熱脹冷縮的特性，在下面的這個遊戲中你可以一覽無遺。

遊戲道具

一個玻璃杯，一本厚度約四、五公分的書，一個表面光滑，長約二十五公分、寬約十公分的木板一個，冷水和熱水適量。

遊戲步驟

第一步：將書平放在桌子上，木板斜靠在書上。

第二步：將玻璃杯在冷水中浸泡，然後倒扣在傾斜的木板上，觀察現象。

第三步：將玻璃杯在熱水中浸泡，然後倒扣在傾斜的木板上，觀察現象。

遊戲現象

你會發現，冷水浸泡過的杯子，在傾斜的木板上固定不動，或者慢慢下滑很快停止；而熱水浸泡過的杯子則會較為快速的下滑，直到從木板上跌落下來。

科學揭秘

被熱水浸泡過的水杯，為什麼下滑的更徹底、更快速呢？這是因為杯中的空氣受熱膨脹，將倒扣的玻璃杯向上抬起，玻璃杯和木板之間的摩擦力減低。

9、倒置的冰凍現象

放在冰箱內沒有凍成冰塊，放在外面卻很快結冰了，這倒置的冰凍現象，究竟蘊含著怎樣的科學奧秘呢？

遊戲道具

汽水一瓶，冰箱一台。

遊戲步驟

第一步：將汽水放在冰箱內，冰凍到快要結冰但尚未結冰的程度；

第二步：從冰箱內取出汽水，打開瓶蓋，放在室溫環境下，觀察現象。

遊戲現象

在冰箱內沒有結冰的汽水，在室溫環境下卻很快結冰了。

科學揭秘

原來，汽水中含有大量二氧化碳氣體，二氧化碳氣體的冰點比較低，所以在冰箱內很難結冰；汽水放置到室溫環境中後，打開了瓶蓋，二氧化碳氣體氣化，從汽水瓶內升騰走了不少，汽水本身的冰點升高了。二氧化碳氣體氣化的同時，還能帶走汽水瓶內的熱量，汽水瓶內的溫度進一步降低，所以很快就能結冰了。

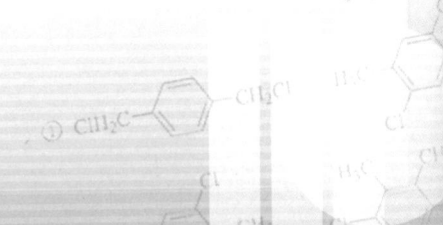

10、秤一秤空氣的重量

那些時刻漂浮在我們身邊的卻又極易被我們忽略的空氣，是不是也有重量呢？下面這個遊戲將為你揭開謎底。

遊戲道具

氣球兩個，打氣筒一個，五十公分長薄木片一塊，尺一把，膠帶和細繩少許，鉛筆一枝，大頭針一枚。

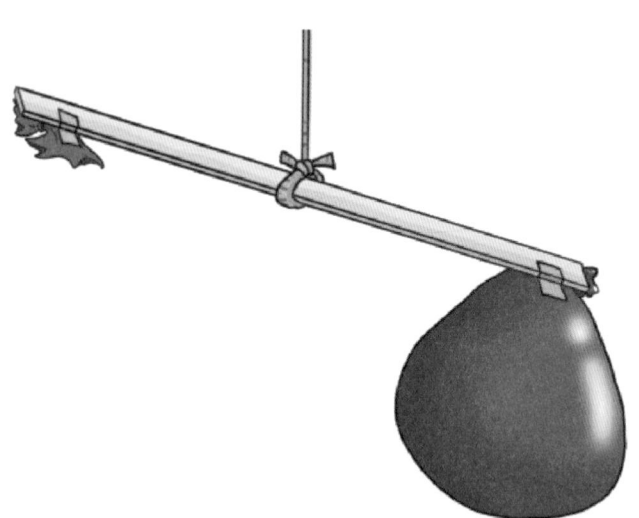

遊戲步驟

第一步：用尺子量取薄木片中間位置，然後畫一條直線，在直線上繫上一條繩子。

第二步：提起繩子，看木片是否平衡。如果不平衡，左右移動繩子使之平衡。

第三步：打氣筒給氣球充氣，繫緊氣球進氣口，將兩個氣球分別用膠帶紙黏貼到木片兩端。

第四步：提起繩子看木片是否平衡。如果不平衡，則說明兩隻氣球裡面的空氣，一個多，一個少，這說明空氣是有重量的；

第五步：如果木片平衡，用大頭針刺破其中一個氣球，觀察現象。

遊戲現象

發現木片向有氣球的一方傾斜了。

科學揭秘

空氣是有重量的，因為重量十分輕，往往被人們忽略罷了。

11、有孔的紙片為什麼能托住水？

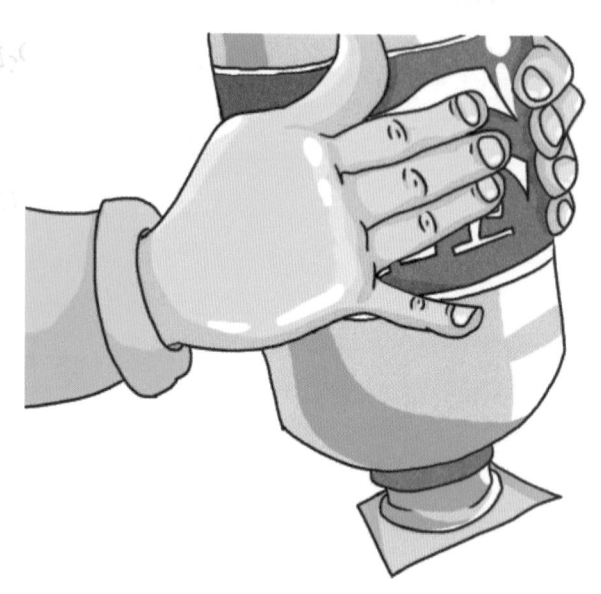

　　凡是有孔的東西，都會漏水——這似乎是一個人盡皆知的生活常識；薄紙片比水輕，是無法承受重量數倍於自身的水的重量的，這個道理大家也都知道。可是，在科學面前，一般的生活知識受到了顛覆，你是不是感到驚訝和不解？

遊戲道具

　　大頭針一枚，薄紙片一張，容量為2升的可樂瓶一個。

遊戲步驟

第一步：用大頭針將紙片穿扎多個小孔。

第二步：大可樂瓶內裝滿水；將紙片蓋在瓶口上。

第三步：用手壓著紙片，將可樂瓶翻轉，瓶口朝下，輕輕將手移開，觀察現象。

遊戲現象

發現紙片不僅沒有漏水，反倒將整瓶水托住了。

科學揭秘

紙片之所以能將整瓶的水托住，是因為大氣壓強作用於紙片上，使紙片產生了向上的托力；小針孔無法漏水，是因為水的表面張力。水在紙的表面形成了水的薄膜，薄膜將水抱住，水無法從孔中滴落下來。我們平時用的雨傘，雨傘布上雖然有很多小孔，但仍舊不會漏雨，就是利用了水的張力。

遊戲提醒

做這個遊戲的時候要注意兩點：

① 瓶子要選用小口的，如果用大口瓶子，要選用較硬的紙。

② 瓶子中裝滿水，遊戲的效果越好。

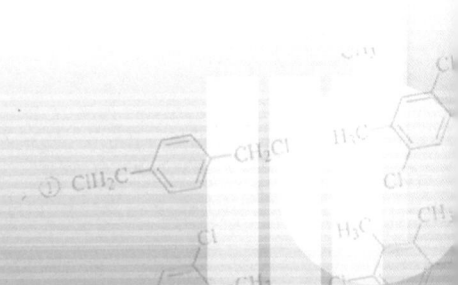

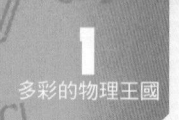
12、吹不落地的乒乓球

一個漏斗敞口裡面裝著乒乓球，漏斗口朝下，對著漏斗根部向下吹氣，乒乓球卻不落地，你知道這是為什麼嗎？此遊戲建議六人以上玩耍。

遊戲道具

乒乓球，小漏斗。

遊戲步驟

第一步：每人分發一個漏斗、一個乒乓球。

第二步：漏斗的敞口裡面裝上乒乓球。

第三步：裁判發出比賽開始的指令後，每個隊員用嘴對著漏斗的長管吹氣，讓漏斗敞口處朝地面傾斜，以不讓乒乓球掉下來為止，看誰先跑完規定的全程。

科學揭秘

這個看似不可能完成的動作，只要掌握了科學原理，還是十分簡單的。

先將漏斗口向上傾斜，將乒乓球放進漏斗的敞口處，然後用嘴巴對著漏斗管徐徐吹氣，然後逐漸加大吹氣量。在吹氣的過程中，漏斗口慢慢朝下，這時，乒乓球就會被漏斗口吸住，不會落地了。

還有一種方法：先將漏斗口朝下，用手托住乒乓球，然後用嘴對著

漏斗管開始吹氣，慢慢鬆開手，乒乓球也不會落地。

乒乓球不落地的原因是：乒乓球上方有氣流運動，所以空氣壓力小；而乒乓球下方的空氣壓力比較大，進而將乒乓球托住了。

遊戲提醒

在比賽過程中，只要不長時間換氣，那麼你一定能夠穩操勝券。

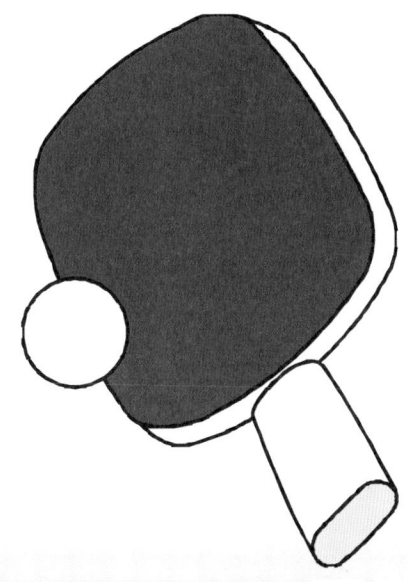

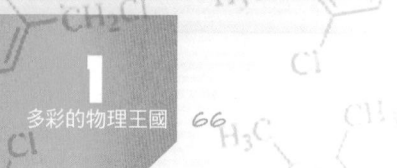

13、直觀體驗空氣的壓力

我們知道，空氣是有壓力的。下面這個科學小遊戲，可以讓你直觀體驗到空氣壓力的存在。

遊戲道具

一塊長約二十公分、寬約五公分的塑膠泡棉，一張報紙。

遊戲步驟

第一步：將塑膠泡棉放在桌子台面上，三分之一在桌子外面，將報紙覆蓋在桌面的塑膠泡棉上。

第二步：用力向下擊打桌面外的塑膠泡棉，觀察現象。

遊戲現象

塑膠泡棉斷裂了，而桌面上的報紙卻紋絲不動。

科學揭秘

當塑膠泡棉受力時，微微抬離桌面，桌面和塑膠泡棉之間，形成一個很小的空間，空氣在裡面流通，形成了一個低氣壓；而報紙上面的氣壓顯然比下面的低氣壓大，就像一把老虎鉗一樣，緊緊將塑膠泡沫固定住了。

14、被壓縮了的空氣

環繞在我們身邊、無處不在的空氣，能否被壓縮呢？看完下面這個小遊戲，你就會知道答案了。

遊戲道具

醫用注射器一支。

遊戲步驟

第一步：將注射器的針頭去掉。

第二步：將注射液的活塞拉起來，這時候針管裡面充滿了空氣。

第三步：手指堵住注射器的口，用力往下推動活塞，觀察現象。

遊戲現象

活塞往下運行一定距離後，就停住了。

科學揭秘

這是因為空氣被壓縮了。外在的作用力越大，空氣的壓縮程度就越高。活塞往下運動一段距離後，就再也無法下壓了，這是因為外界作用力達到了你手上力量的極限。如果推動活塞的力量增加，空氣還能被壓縮下去。

還有一種更直觀的方法，來見證空氣是可以被壓縮的。當我們給自行車輪胎打氣的時候，到了一定程度，輪胎鼓起來後外形不變，但我們仍舊可以用氣筒往輪胎裡面充氣，隨著充氣量的增加，輪胎的硬度發生了變化；充氣量越大，輪胎的硬度越大。這是因為大量的空氣被壓縮在輪胎裡面的緣故。

15、無法吹翻的小橋

某些時候，一件看似平常、自認為簡單的事情，卻總能將你難倒，而且結果大大出乎你的意料之外，令你百思不得其解。下面這個遊戲就屬於這種情況。遊戲建議人數：兩人或者兩人以上。

遊戲道具

每人需要準備寬五公分、長十五公分的硬紙板或者薄紙片一張。

遊戲步驟

第一步：將硬紙板對折，使之成為一個小橋狀。

第二步：將小橋放在桌子上，對著橋孔吹氣，誰能將小紙橋吹起來，誰就屬於優勝者。

遊戲現象

令人感到奇怪的是，沒有人能夠將小橋吹起來，儘管紙做的小橋重量很輕。

科學揭秘

可能你不服氣，用力反覆吹。但是無論你用多大的力氣，也無論桌面多麼光滑，別說你將紙橋吹翻，就是想讓它挪動一下都很難。紙橋就像生了根似的，在桌子上巋然不動！你越是用力氣吹氣，小橋在桌子上貼得越牢固。

但是你換一個位置，從橋墩那邊吹氣，小橋很輕易地就被吹走了。

這究竟是為什麼呢？

原來，當你對著橋洞吹氣的時候，空氣從橋洞穿過，橋洞中空氣的壓力，要比橋上空氣壓力小很多。你越是用力吹，空氣從橋洞流通的速度也就越快，紙橋下面的空氣壓力更小，相較紙橋上面的氣壓更大，所以小橋就像生了根似的，牢牢黏貼在桌子上了。

16、收縮的氣體

熱脹冷縮是物質的基本屬性，下面這個科學小遊戲，可以讓你最直觀地看到氣體收縮時的情形。

遊戲道具

兩個大小一樣的玻璃杯，一小截蠟燭，打火機一個，吸水紙一張。

遊戲步驟

第一步：用打火機點亮蠟燭，放進其中一個玻璃杯裡面。

第二步：吸水紙浸濕，覆蓋在杯口上，兩個杯子口對口扣在一起。

第三步：蠟燭熄滅後，拿起上面的杯子，觀察現象。

遊戲現象

兩個玻璃杯就像膠黏的一樣，緊緊連在一起了。

科學揭秘

這是因為蠟燭在燃燒過程中，消耗完了杯子中的氧氣（吸水紙是透氣的，空氣可以從一個杯子自由流動到另一個杯子）。杯子中的空氣燃燒受熱膨脹，從兩個杯子之間外溢出去。蠟燭熄滅後，杯子內的空氣迅速收縮，形成了低氣壓，被外面正常的氣壓緊緊壓迫在一起。

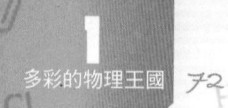

17、香蕉自動脫皮

你想看著香蕉在瓶口上跳舞，然後搖擺著身子自動將香蕉皮脫掉嗎？

遊戲道具

玻璃瓶一個，一個能進入瓶口的香蕉（稍微熟過頭一點的最好），酒精或白酒少量，火柴一盒，紙片少許。

遊戲步驟

第一步：香蕉末端的皮稍微撥開，備用。

第二步：玻璃瓶內倒入少量白酒，用火柴點燃紙片，放入瓶內，引燃白酒。

第三步：將香蕉末端豎放在瓶口上，讓香蕉肉完全堵住瓶口，香蕉皮留在外面，觀察現象。

遊戲現象

你會發現，香蕉就像著了魔似的往瓶子裡鑽，還發出聲音。最後，香蕉鑽進了瓶子，香蕉皮留在了外面。

科學揭秘

這是因為燃燒的白酒耗盡了瓶子中的氧氣，瓶子外面的氣壓大於瓶子裡面的氣壓，香蕉被瓶子外面的空氣「壓」到了瓶子裡面。

遊戲提醒

　　要讓香蕉肉將瓶口完全堵死，否則空氣進入瓶中，增加了瓶中的氣壓，這個遊戲就不容易做成了。如果你採用的是不太成熟的香蕉，在香蕉皮上豎著劃幾個刀口，香蕉就更容易自動脫皮了。

18、兩個氣球之間的「較量」

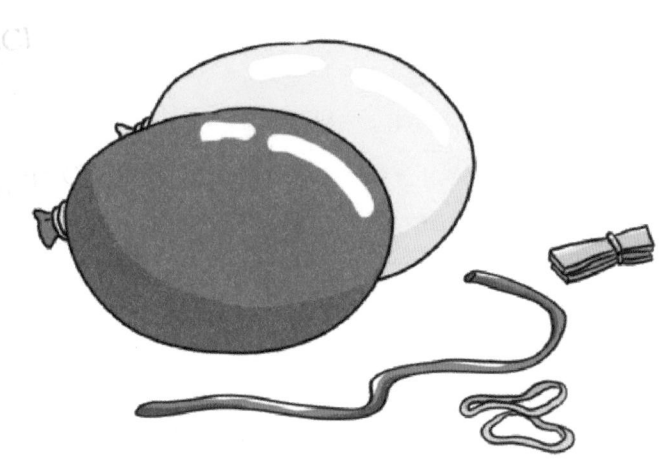

　　相同大小的兩個氣球，它們之間產生了一場較量，你想瞭解這場較量的前因後果嗎？

遊戲道具

　　大小相同的氣球兩個，長度十公分左右的軟橡膠管一根，橡皮筋兩條，夾子一個。

遊戲步驟

第一步：橡皮管從中間對折，用夾子夾住，目的是讓橡皮管中間閉合，不再通氣。

第二步：將其中一個氣球吹得足夠大，將氣球口套在橡皮管的一端，用橡皮筋固定好，不要讓它漏氣。

第三步：將另外一個氣球稍微吹氣，看起來氣球鼓起的程度要比前一個
　　　　氣球小很多，將小氣球綁在橡膠管的另一端。

第四步：鬆開橡膠管中間的夾子，讓兩個氣球相通，使得一個氣球內的
　　　　空氣，能夠自由進出另一個氣球，觀察現象。

遊戲現象

　　一般人會認為，大氣球內的氣體能夠進入小氣球內，其實大錯特錯
了。相反的是，小氣球內的氣體，進入了大氣球內。小氣球更小，大氣
球更大了。

科學揭秘

　　原因在於可變容器中的流體，總是取表面積最小時的形狀。油滴在
水裡呈球狀就是這個道理。拿一個大球和兩個小球相比，如果大球容積
等於兩個小球的容積之和，那麼大球的表面積比兩個小球的表面積要
小。一樣的道理，如果一個大氣球裡裝的氣體等於兩個小氣球裝的氣
體，大氣球的表面積肯定比兩個小氣球的表面積的和要小，於是小氣球
總是把空氣排進大氣球裡去。

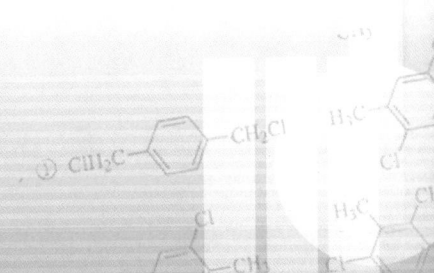

19、自製的蘋果氣槍

　　這個遊戲可以滿足你愛玩槍的願望。根據下面這個遊戲提供的方法，個自製作一個氣槍，看看誰射擊的更遠。

遊戲道具

　　蘋果或者馬鈴薯各一個，小刀一把，金屬管或者硬質塑膠管一根（直徑八到十公釐；長度約七、八公分），十五公分長的圓木棍，直徑正好和塑膠管直徑相配。

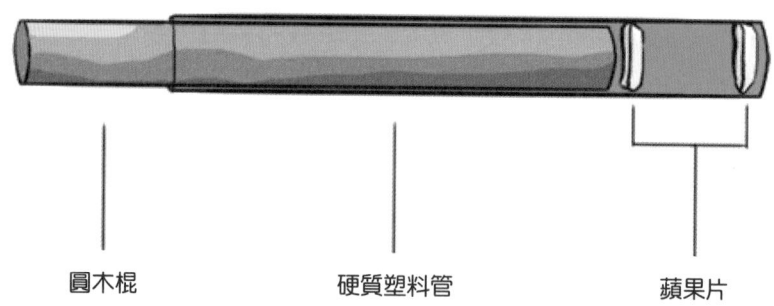

圓木棍　　　　　　　硬質塑料管　　　　　蘋果片

遊戲步驟

第一步：用小刀將蘋果或馬鈴薯削成片。

第二步：將管子兩端分別插進蘋果片中，蘋果就會嵌進管子中，將管子兩端密封住了。

第三步：用小木棍推動管子一端的蘋果片，瞄準你想要射擊的目標。

遊戲現象

　　隨著棍子的推動，你會聽見啪的一聲，另一端的蘋果片就會飛射向目標。

科學揭秘

　　手中的這個蘋果槍，是名副其實的氣槍。蘋果將管子兩端堵死，當你用力推動一端的蘋果時，管子內的壓縮空氣就會向另一端壓迫，隨著空氣壓力的增大，管子另一端的蘋果，就會被高速頂了出去。

遊戲提醒

　　在用木棍推動的時候，要敏捷。只要瞄準目標，你一定能射中靶心。在射擊的時候，要注意安全，不要對著任何人或小動物。

20、炮打蠟燭

　　按照下面這個方法，可以自製一枚大炮，來體驗空氣動力的神奇力量。

遊戲道具

　　兩頭密封的圓柱體長紙筒一個，剪刀一把，蠟燭一根，打火機一個。

遊戲步驟

第一步：在紙筒一端的蓋子中間，用剪刀裁出一個直徑大約為二公分的圓孔，這個小孔就是大炮的「炮口」。

第二步：隨意用其他材料製作一個架子，將「大炮」架起來。

第三步：點燃蠟燭，放在距離大炮一公尺處。

第四步：大炮對準蠟燭，在炮筒的底部用手輕輕拍一兩下，觀察現象。

遊戲現象

　　你會驚訝的發現，一公尺之外的蠟燭，被大炮擊滅了！如果蠟燭火焰僅僅搖動了幾下，那說明大炮瞄的不準，需要重新調整角度。只要瞄的準，大炮能擊滅三公尺以外的蠟燭！

科學揭秘

　　你簡直不能相信吧！這就是空氣動力的威力，這是大炮發出的「音波」，吹滅了蠟燭。雙手在大炮底部輕拍，引起音波的震盪，進而使空

氣產生了強大的壓縮，這種空氣壓縮的速度和力量都是很驚人的，所以將兩三公尺以外的蠟燭都擊滅了。

我們用一個很具體的做法，來體驗什麼叫音波：請一個善於抽菸的人，往圓筒裡面吹進幾口煙，然後將大炮平擺，用手指輕彈炮筒的底面，你會看到，一股美麗的煙圈，從炮眼噴了出來，這就是音波的效果。

如果你觀察的夠仔細，你會看到這些煙圈在迅速兜著圈子翻滾，簡直神奇極了！

21、淘氣的小紙球

你想將一個小紙球吹到瓶子裡，它卻淘氣地不聽話，這是為什麼呢？

遊戲道具

空瓶子一個，小紙條一張。

遊戲步驟

第一步：將小紙條揉成一個小紙球。

第二步：將小紙條放在空瓶口，用力吹，試圖將其吹到瓶子裡面。

遊戲現象

小紙球很淘氣，非但沒有進入瓶子裡，反而反彈過來，直射到你的臉上。

科學揭秘

小紙球之所以淘氣，完全是因為氣壓在作怪。吹氣的時候，瓶子裡面的氣壓增高，而瓶口卻產生了低氣壓，紙球從高氣壓區，反彈到了低氣壓區。

22、「噴氣式」氣球

你一定知道噴氣式飛機吧！這個遊戲可以讓你直接體驗噴氣式飛機的飛行原理。

遊戲道具

氣球一個，吸管一根，膠帶少許，細繩子一根，夾子一個。

遊戲步驟

第一步：將細繩子從吸管中穿過，然後就像晾衣繩那樣，將繩子的兩端固定在房間裡，讓繩子繃直。要讓吸管可以在繩子上自由滑行。

第二步：給氣球充氣，用夾子將氣球口夾緊，別讓它漏氣。

第三步：用膠帶紙將氣球固定在吸管上。

第四步：將氣球拉到繩子的一端，鬆開夾子，觀察現象。

遊戲現象

你會看見氣球內的氣體急速外洩，同時帶著吸管向繩子的另一端快速滑去。

科學揭秘

由於氣球裡面充滿了大量被壓縮了的氣體，當突然鬆開氣嘴時，空氣急劇外洩，產生了巨大的推動作用，將氣球向前推動。

當噴氣式飛機開始工作的時候，噴出了大量熱度很高的廢氣，產生了巨大的反作用力，推動飛機向前飛行。

23、製造出來的雲霧

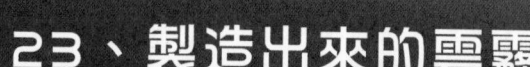

　　雲霧一般都在幾千公尺外的高空。下面這個遊戲，可以讓你製造出雲霧，讓雲霧飄散到你身邊。

遊戲道具

　　大小鐵罐各一個，冰塊、食鹽各少許。

遊戲步驟

第一步：小鐵罐放在大鐵罐裡面。

第二步：將食鹽或者冰塊（在冬天可以用雪代替冰塊）按照三比一的比例混合，放在大鐵罐和小鐵罐的空隙間。這樣，一個簡易小冰箱就做成了。

第三步：不一會兒，小鐵罐內的空氣，就被外面的冰塊冷卻下來。

第四步：對著小鐵罐吹氣，觀察現象。

遊戲現象

　　你會發現水蒸氣被吹進了小鐵罐裡面。用手電筒照射小鐵罐，可以清楚地看到自己親手製作出來的雲霧。

科學揭秘

天上飄浮著的白雲其實不是雲霧，而是水蒸氣的凝聚，或者是浮動著的冰粒或者是冰的結晶體組成的。

在氣溫較低的時候，我們從口中可以呼出雲霧狀的氣體，這是因為呼出的空氣中含有水蒸氣，水蒸氣遇冷凝結成了微小的水滴。很多微小的水滴聚集在一起，形成了雲霧狀。

小鐵罐裡面溫度很低，空氣在小鐵罐裡面遇冷凝結，形成了淡淡的雲霧。

在這個小遊戲裡，添加鹽是為了加快冰雪或者冰塊的融化，融化可以帶走周圍空氣的熱量，盡快降低空氣溫度。

24、空氣產生的力

　　空氣有力量嗎？一些人可能認為，空氣是透明無色的，能有什麼力量呢？下面這個遊戲，能讓你清楚認知空氣的力。

遊戲道具

　　一根一米長的鐵管，類似於船槳形狀的塑膠扇。

遊戲步驟

第一步：將鐵管拿牢，在頭頂上旋轉舞動。

第二步：放下鐵管拿起塑膠扇，在頭頂舞動，舞動的同時變換角度。

遊戲現象

　　你會發現，當扇面迎風舞動時，雙臂感到十分費力。

科學揭秘

　　這是因為扇面的面積大於鐵管的表面面積，在舞動過程中，接觸到的空氣也就多。空氣有阻力，阻止了扇面的舞動。

　　這說明，空氣除了氣壓之外，還是有阻力的。

　　飛翔的小鳥，路面跑動的汽車，頭部面積一般都很小，而且基本上呈流線型設計，這都是為了減小空氣阻力，更加快速運動。

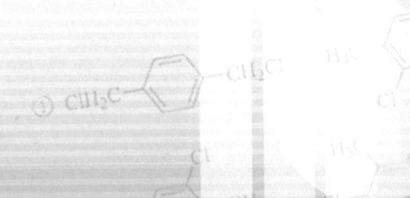

25、機翼的工作原理

你想瞭解飛機機翼的飛行原理嗎？下面這個遊戲，可以用最簡單最直觀的方式給你答案。

遊戲道具

一張長紙條。

遊戲步驟

手拿長紙條，放在下唇，讓紙條自然垂下去。對紙條吹氣，觀察現象。

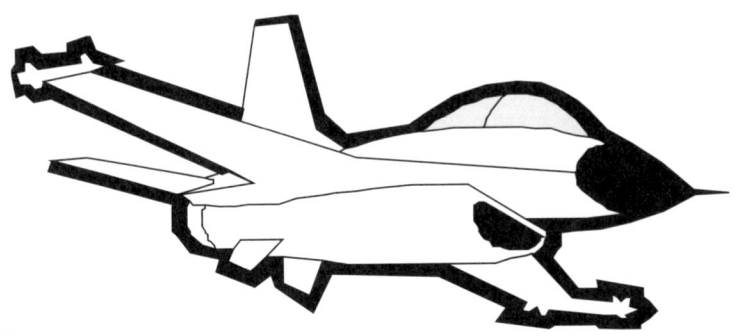

遊戲現象

下垂的紙條抬了起來，在嘴唇前面飄動。

科學揭秘

嘴巴對紙條吹氣，將紙條上面的空氣吹走了，紙條上面的氣壓降低，小於紙條下面的氣壓，紙條被下面的空氣托了上來。

飛機機翼在高空中飛行，就是這個道理。飛機透過發動機啟動，飛到高空的時候，氣流從飛機機翼上方略過，飛機機翼上方的氣壓變低，下面的高氣壓將飛機機翼托了起來，這種力量被稱之為「提升力」。

26、被壓縮了的空氣

一張乾燥的白紙放在水杯裡面，將水杯放入水中，白紙卻沒被水浸濕，你能解釋這種奇怪的現象嗎？

遊戲道具

水杯一個，白紙一張，臉盆一個。

遊戲步驟

第一步：將白紙揉成團，塞入水杯底部。

第二步：將水杯口朝下，放入臉盆中，讓水淹沒水杯，觀察現象。

遊戲現象

水杯中的白紙，竟然沒有被水浸濕。

科學揭秘

這是因為水杯中的空氣被壓縮，罩住了白紙。白紙處於水杯壓縮的空氣包圍中，所以能夠保持乾燥。假如杯子繼續往水中下沉，杯子中的空氣，隨著水壓的增高被壓走，杯子裡面的白紙會被水浸濕。

27、巧取水中硬幣

盤子裡面有少許水，放入一枚硬幣。用什麼方法既不接觸到水，又能將硬幣取出來呢？

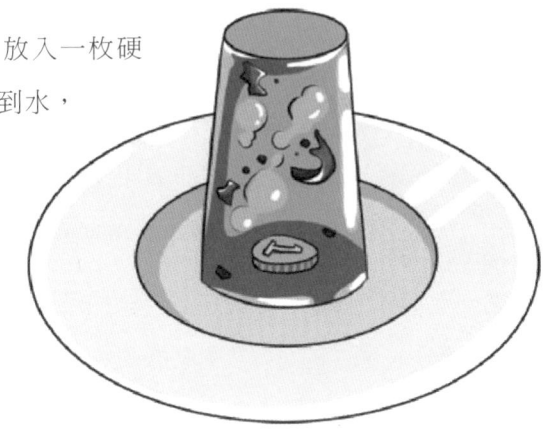

遊戲道具

硬幣一枚，盤子一個，玻璃杯一個，打火機一個，白紙一張。

遊戲步驟

第一步：用打火機將白紙點燃，放入玻璃杯中。

第二步：將玻璃杯倒扣在水盤的硬幣旁邊，觀察現象。

遊戲現象

盤子中的水進入了倒扣的玻璃杯中，硬幣露了出來。

科學揭秘

紙張在玻璃杯中燃燒，消耗了大量氧氣。紙張熄滅後，杯中的空氣變得稀少，而且遇冷收縮，形成了低氣壓。杯子外面的正常氣壓，將盤子中的水壓進了杯子。

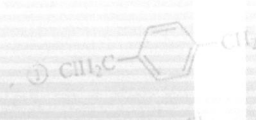

28、吹不滅的蠟燭

用力吹燃燒的蠟燭，卻怎麼也吹不滅。你知道怎樣做到這一點嗎？

遊戲道具

一根蠟燭、火柴，一個小漏斗，一個平盤。

遊戲步驟

第一步：點燃蠟燭，並固定在平盤上。

第二步：使漏斗的寬口正對著蠟燭的火焰，從漏斗的小口對著火焰用力
　　　　吹氣。

遊戲現象

蠟燭依舊在燃燒。

科學揭秘

吹出的氣體從細口到寬口時，逐漸疏散，氣壓減弱。這時，漏斗寬
口周圍的氣體由於氣壓較強，將湧入漏斗的寬口內。因此，蠟燭的火焰
也會湧向漏斗的寬口處。這樣吹氣時，火苗將斜向漏斗的寬口端，並不
容易被吹滅。如果從漏斗的寬口端吹氣，蠟燭將很容易被熄滅。

遊戲提醒

蠟燭燃燒時需要注意安全。

29、蠟燭抽水機

你知道抽水機是怎樣將水抽出來的嗎？以下的小遊戲可以讓你明白其中的玄機。

遊戲道具

玻璃杯兩個，蠟燭一根，比玻璃杯口稍大的硬紙板一張，塑膠管一根，凡士林少許，火柴，水半杯。

遊戲步驟

第一步：先將塑膠管折成門框形，一頭穿過硬紙片。

第二步：把兩個玻璃杯一左一右放在桌子上。

第三步：將蠟燭點然後固定在左邊玻璃杯底部，同時將水注入右邊玻璃杯中。

第四步：在放蠟燭的杯子口塗一些凡士林，再用穿有塑膠管的硬紙板蓋上，並使塑膠管的另一頭沒入右邊杯子水中。

遊戲現象

水從右邊流入左邊的杯子中。

科學揭秘

蠟燭燃燒用去了左邊杯中的氧氣，瓶中氣壓降低，右邊杯壓力使水向左杯流動，直到兩杯水面承受的壓力相等為止。到那時左杯水面高於右杯水面。

遊戲提醒

蠟燭點燃後固定在左邊玻璃杯底部時注意安全，小心燒傷。

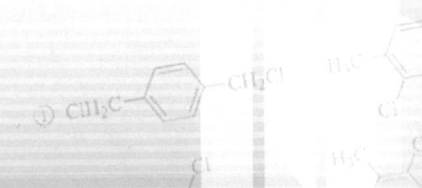

30、瓶內吹氣球

瓶內吹起的氣球，為什麼鬆開氣球口，氣球不會變小？

遊戲道具

大口玻璃瓶一個，吸管兩根，紅色和綠色各一根，氣球一個，氣筒一個，尖頭錐一把。

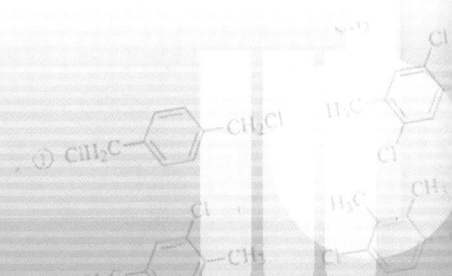

遊戲步驟

第一步：用尖錐事先在瓶蓋上打兩個孔，分別插上紅色和綠色兩根吸
管，並在紅色的吸管上紮上一個氣球。

第二步：將瓶蓋蓋在瓶口上。

第三步：用氣筒打紅吸管處將氣球打大，將紅色吸管放開觀察現象。

第四步：用氣筒再打紅吸管處將氣球打大，迅速捏緊紅吸管和綠吸管兩
個管口，接著放開紅色吸管口，觀察現象。

遊戲現象

第三步將紅色吸管口放開，氣球立刻變小；第四步放開紅色吸管
口，氣球沒有變小。

科學揭秘

當紅色吸管鬆開時，由於氣球的橡皮膜收縮，氣球也開始收縮。可
是氣球體積縮小後，瓶內其他部分的空氣體積就擴大了，而綠管是封閉
的，結果瓶內空氣壓力要降低——甚至低於氣球內的壓力，這時氣球不
會再繼續縮小了。

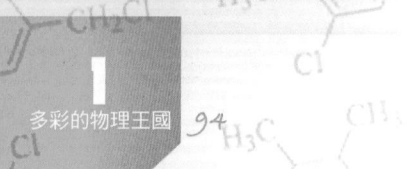

31、能抓住氣球的杯子

你會用一個小杯子輕輕倒扣在氣球球面上，然後把氣球吸起來嗎？

遊戲道具

氣球一～二個、塑膠杯一～二個、熱水瓶一個，熱水少許

遊戲步驟

第一步：對氣球吹氣並且綁好。

第二步：將熱水（約70℃）倒入杯中約多半杯。

第三步：熱水在杯中停留20秒後，把水倒出來。

第四步：立即將杯口緊密地倒扣在氣球上。

遊戲現象

輕輕把杯子連同氣球一塊提起。

科學揭秘

杯子直接倒扣在氣球上，是無法把氣球吸起來的。用熱水處理過的杯子，因為杯子內的空氣漸漸冷卻，壓力變小，因此可以把氣球吸起來。

32、筷子的神力

把一根筷子插入裝著米的杯子中，然後將筷子上提，筷子會把米和杯子提起嗎？

遊戲道具

塑膠杯一個，米一杯，竹筷子一根。

遊戲步驟

第一步：將米倒滿塑膠杯。

第二步：用手將杯子裡的米按一按。

第三步：用手按住米，從手指縫間插入筷子。

遊戲現象

用手輕輕提起筷子，杯子和米一起被提起來了。

科學揭秘

由於杯內米粒之間的擠壓，使杯內的空氣被擠出來，杯子外面的壓力大於杯內的壓力，摩擦力使筷子和米粒之間緊緊地結合在一起，所以筷子就能將盛米的杯子提起來。

33、誰的火箭飛得遠？

在做這個遊戲之前，參加者每人先得做一個「壓縮氣火箭」。

遊戲道具

一個軟塑膠瓶，尖錐一把，強力膠，一根十公分長的塑膠細管，麥稈數根，麵糰，彩色紙數張，剪刀一把。

「壓縮氣火箭」的具體做法如下：在軟塑膠瓶的瓶蓋上鑽一個小孔，插進一根塑膠細管（可以把廢原子筆芯的筆頭剪去代替），再用強力膠黏牢。找一根十公分長、套在塑膠管外能夠自由滑動的麥稈，在麥稈的一端黏上四張三角形的彩色紙做為火箭的尾翼；另一端用麵糰封嚴，捏成火箭頭似的形狀。等麵糰乾了以後，比賽用具——壓縮氣火箭就算做好了，可以進行比賽了。

遊戲步驟

比賽時，參賽者並排站在一起，把麥稈做的「火箭」套在塑膠管上，裁判發出口令後，參賽者用手使勁一捏瓶子，「火箭」就會嗖的一下，飛出十幾公尺遠。

誰的火箭飛的距離遠，誰就是優勝者。也可以連續發射多次，把每一次發射的距離加起來，誰的距離遠，誰為優勝者。

科學揭秘

這個火箭的發射原理是這樣的：瓶中的空氣透過塑膠管進入麥稈，

因為麥稈的前端是封閉的，進入裡面的壓縮空氣膨脹後向麥稈的後端（沒有封閉的一端）噴出，給麥稈一個向前的作用力，麥稈就向前飛去。

E=MC2

第三節

揭示重心的秘密

1、無法完成的跳躍

身為一個正常人，跳躍是最基本的人體動作。但是，下面這個跳躍，目前為止任何人還無法完成。你想挑戰一下嗎？

遊戲規則和步驟

為了避免意外碰撞，我們將遊戲場地選在床上或者軟墊上。雙手抓住腳趾頭，膝蓋略微彎曲，試圖向前跳躍。

遊戲現象

儘管你暴跳如雷，但你無法向前移動半步。不過你盡可能的南轅北轍，向後跳躍完全可以做得到。

科學揭秘

向前跳躍和向後跳躍，對人體重心的要求是不一樣的。

一個人在向後跳時，一般情況下是雙腳先離開地面，人體的支撐部分首先移動。在這種情況下，重心能使人體仍然保持平衡，所以雙手握住腳趾頭，可以向後跳躍。

但是向前跳躍情況就完全不同了。向前跳躍，重心首先移動，支撐部分緊隨其後。由於雙手握住了腳趾頭，當重心移動的時候，沒有雙臂的擺動來保持平衡，所以除了摔倒在床上之外，別無選擇！

但是也有特例。那些腿部肌肉特別強壯有力的運動員，在向前跳躍的時候，支撐點先移動，支撐點緊隨其後。強勁的腿部肌肉將身體帶離地面，而且還要在空中支撐處於不平衡狀態的身體，這絕對不是一般人可以做得到的。

2、你能撿起地上的硬幣嗎？

　　看到這個遊戲題目，你一定會說：撿硬幣多簡單啊！彎個腰不就行了。可是，物理學中的「重心原理」給你設置了一個門檻。撿硬幣，可不是那麼簡單。你不信？往下看。

遊戲道具

　　硬幣一枚。

遊戲規則

第一步：雙腿併攏，腳跟緊靠牆壁站立。

第二步：膝蓋不許彎曲、腳不許挪動，撿起扔在你腳前三十五公分處的硬幣。

遊戲步驟

將硬幣擺放好後，根據遊戲規則撿地上的硬幣。

遊戲現象

費盡九牛二虎之力，卻無法將近在眼前的硬幣撿到手。

科學揭秘

這涉及到物理學中的重心原理。一個物體的各部分都要受到重力的作用。從效果上看，我們可以認為各部分受到的重力作用集中於一點，這一點叫做物體的重心。當一個人雙腿直立站在牆邊的時候，身體重心處在雙腿上方。身體前傾，試圖彎腰撿地上的硬幣的時候，重心也隨之向前移動。為了保持身體平衡，雙腿必須隨之往前邁動，才能保持身體的平衡，否則會摔倒在地。你一定不服氣吧！好了，準備好硬幣，靠牆站立，自己測試一下吧！

3、無法站立的坐姿

只要保持一種姿勢，僅僅憑靠自身的力量，你將永遠也無法站立起來，不管你身負多麼高強的武功，有多麼旺盛的體力。

遊戲規則和步驟

一把不帶扶手的椅子，身體板直，坐在椅子上，背部緊靠椅背，雙腳平放在地面上，雙臂在胸前交叉，試著站立起來。站立過程中，姿勢保持不變，上身不能前傾。

遊戲現象

無論怎樣，你都無法站立。

科學揭秘

只要遵守遊戲規則，世界上任何人都無法從椅子上站立起來。

當一個人正坐著的時候，他的重心在脊椎骨的下方。如果想站立，重心必須轉移到小腿上方。只要保持規則中的姿勢，重心就不會從脊椎骨下方移動到小腿上方。在重心沒有前移的情況下，任何人的大腿肌肉，都沒有這麼大的力量讓一個人站起來。

4、難以撿起的手帕

這個動作，目前還無人能做得到，儘管它看上去十分簡單。

遊戲道具

一條手帕，一根木棍。

遊戲步驟

第一步：將手帕放在你前面的地板上。

第二步：將木棍夾在膝蓋彎內，兩個手肘將棍子從反向夾住。

第三步：身體前傾，雙手手掌撐地，試著用嘴去撿前面的手帕。

遊戲現象

這個看似十分簡單的動作，卻實實在在難倒了你，你無法將地下的手帕撿起來。

科學揭秘

當按照遊戲制訂的規則擺好姿勢的時候，人體的重心處於腿部上方。身體前傾時，重心由腿部上方向前移動。一旦移動的太遠，就會失去平衡而跌倒。即便前面擺放的是情人的手帕，你除了弄了一個灰頭土臉之外，什麼也得不到。

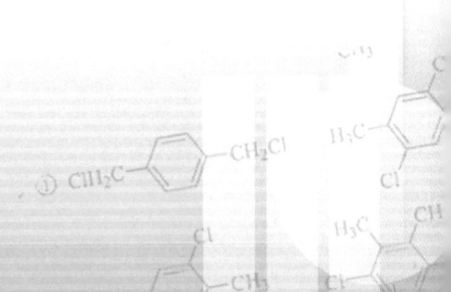

5、家庭搬凳子比賽

　　週末休閒之餘，一家三口不妨玩玩下面這個遊戲。兒子充當裁判，爸爸媽媽是比賽選手。做完了遊戲，別忘了讓爸爸媽媽闡述遊戲中的科學道理哦。

遊戲道具

　　椅子兩張。

遊戲步驟

第一步：你按照參加遊戲者腳的大小，從牆根量四腳長的距離，然後各

畫一條線做為標記。

第二步： 每人搬一張椅子放在牆根，雙腳齊線站立，彎腰，頭頂緊貼牆壁。誰能舉起椅子，誰就是優勝者。

遊戲現象

一般情況下，爸爸無法將椅子舉起來，勝利的總是媽媽。

科學揭秘

女人的腳通常比男人要小。所以四腳的距離，男人要比女人更加遠離牆根。當男人彎腰時，身體的重心會遠離身體的支撐點，男人要想舉起椅子，腳步必須往前挪動，但這樣也就犯規了。而女人所量取的四腳距離，要更加靠近牆壁，相較之下，就能輕易將椅子舉起來。

遊戲提醒

如果你想幫助媽媽取勝，就建議爸爸穿又大又重的皮鞋，建議媽媽穿高跟鞋，這樣媽媽的優勝者獎盃就十拿九穩了。

6、有趣的滾動比賽

晴朗的假日，可以約幾個朋友到野外玩耍，不妨來一場滾動比賽，順便溫習一下國中物理課學到的知識。本遊戲建議人數三人或三人以上。

遊戲道具

盤類比如飛盤、塑膠圓盤等；球類比如實心球、玻璃彈珠或軸承滾珠等；圈類比如輪胎、鐵環等。

遊戲規則

每人從以上三組器材中任意挑選一樣，即可參加比賽。選中一個斜坡，選手們將所用器材放置在同一條起跑線上，比賽開始後，同時鬆手讓器材自由滾動，看誰的器材滾動的最遠；或者擬定一個終點，看哪個器材最先滾動到終點。

遊戲現象

無論你進行多少次比賽，一般情況下，總是球類最先到達終點；其次是盤類，圈類器材總是最後到達終點。

科學揭秘

物體的滾動速度，和其重心周圍的重量分佈有著密切關係。物體重心重量的分佈稱為慣性矩。上面三組遊戲器材中，重心都是它們的幾何中心，但是重量在重心周圍的分佈卻大不一樣。一個物體的重量越接近它的重心，那麼這個物體的慣性矩也就越小，物體的滾動速度也就越快。圈類物品的全部重量，和重心有一段空間距離，所以它的慣性矩最大，滾動起來最慢；球類物品的重量緊緊貼近其重心，慣性矩最短，所以滾動起來速度最快。

溜冰運動員在旋轉的時候，就是利用這個原理，當開始旋轉的時候，運動員張開手臂保持平衡，當旋轉開始時，運動員抱緊手臂，緊貼身體，使身體重量的分佈更加接近重心，減小慣性矩的距離，這樣身體可以更加快速的轉動了。

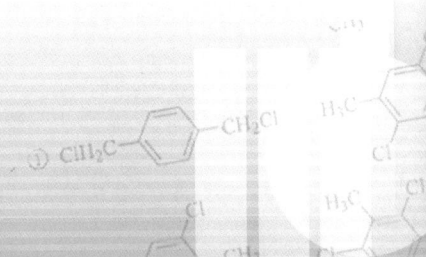

7、自製家庭噴花器

　　用噴水器給農作物、蔬菜和果樹噴水澆灌，既能節省水源，也能澆
的透徹，還省去了不少力氣。

　　下面這個遊戲，教你製作簡易噴水器的方法。你可以依樣做一個小
型噴水器，給家裡的花草噴水。還可以和小朋友們進行比賽，看誰製作
的噴水器轉的快，轉的圈數多，持續時間長。

遊戲道具

　　約八十公分長的木棍一根，小碗一個，易開罐（或圓罐頭）兩個，
竹板條（長約六十～七十公分）一根，一寸的鐵釘一枚，花盆一個。

遊戲步驟

第一步：將小木棍豎直插在花盆中，當作噴水器的底座。

第二步：將小碗扣在木棍上端，做為可以旋轉的軸承。

第三步：竹板條用小火稍微烤一會兒，
　　　　　　將其燒烤彎曲，彎成一個弓
　　　　　　字型，冷卻後在竹板條
　　　　　　中央頂一個小釘子。

第四步：易開罐當作裝水的
　　　　　　容器，罐底的側
　　　　　　面鑽一個小孔，
　　　　　　將易開罐固定在竹板

條的兩端。

第五步：將竹板條放在小碗上，裝上
水，調整罐子的噴水方向，使
兩個罐子的噴水方向正
好相反。

第六步：用手輕輕撥動竹板條。

遊戲現象

罐子會帶動竹板條在碗上面旋轉起
來。

科學揭秘

為什麼竹板條能穩穩地立在碗上面呢？這是因為罐子的位置低，重
心也就相對較低。所以竹板條可以自由旋轉，掉不下來。

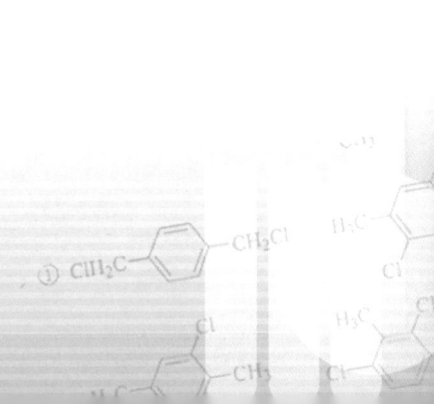

8、尋找物體的重心

　　我們知道，規則的長方體的重心，在其對角線的交會處；圓球的重心在圓心。那麼，不規則物體的重心，該怎樣確定呢？

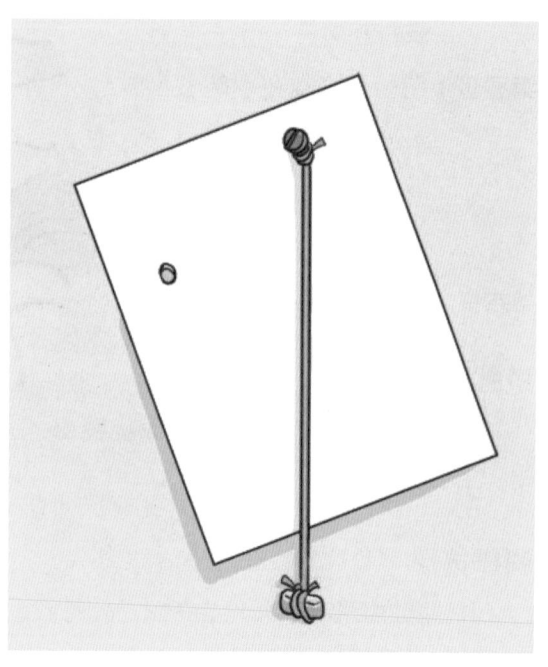

遊戲道具

　　剪刀一把，硬紙板數張，鐵釘一枚，細線一圈，小鐵塊（可以用任意較重的物品代替，比如螺母、鑰匙等），鉛筆一根，直尺一把。

遊戲步驟

第一步：用剪刀將每個硬紙板剪成任意形狀。

第二步：用鐵釘在硬紙板上選取任意位置，鑽取兩個小孔。

第三步：將鐵釘釘在牆上，讓硬紙板的任意一個小孔掛在鐵釘上，硬紙板自由下垂。

第四步：在鐵塊上拴上細繩，掛在釘子上，用鉛筆和直尺沿著細線，在

硬紙板上畫一條直線。

第五步：將硬紙板另一個小孔掛在釘子上，再次垂線，用鉛筆和直尺沿
著細線畫線。

遊戲現象

兩條線會有一個交會點，從交會點穿過一細線，將硬紙板吊起來，
你會發現硬紙板在空中保持和地面平行的平衡狀態，既不會搖晃，也不
會傾斜。

科學揭秘

這是因為硬紙板上兩條線的交會處，就是該物體的重心。較為具體
的說法是，任何一個物體都有重心，這個重心就是物體全部重力的集中
點。

有的物體品質分佈均勻，這類物體重心的位置，只和該物體的形狀
有關。規則形狀的物體，它的重心處在幾何中心，比如圓球的重心在球
心等；不規則物體的重心，可以用遊戲中的懸掛法來確定其位置。

品質分佈不均勻的物體，重心的位置和物體品質分佈有關，也和物
體的形狀有關。比如起重機，重心會隨著吊動物體的重量和高度變化。

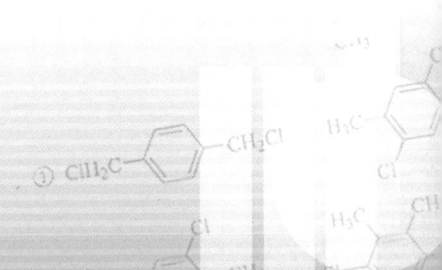

9、拉不動的精裝書

一本正常的書無論多重，都不足以挑戰我們的力氣極限。可是就有這麼一本書，很多人費盡了力氣，硬是拉不動它，你知道這是為什麼嗎？

遊戲道具

一根長1.5公尺的繩子，一本精裝書（比如大字典之類的書或者合訂本）。

遊戲步驟

第一步：把書打開縱向放在繩子上，書脊朝上。再把繩子在書脊當中打一個結。

第二步：兩手分別握住繩子的兩頭，使手和書至少保持五十公分的距離。兩手用力拉動繩子，試圖將繩子拉到和打結的地方水平

的位置，也就是說繩子打結的地方、兩隻手，三點拉成一條直線。

遊戲現象

無論你怎樣用力，你也無法將繩子拉成一條直線。

科學揭秘

這是因為手臂所施加的力量，無法抵消書的重力。

當繩子垂直吊一件物品的時候，我們手提繩子，將物品拎起來，所施加的力量，等於物體本身的重量。當我們將物品綁在繩子中間，向左右拉扯繩子時，所施加的作用力，和水平方向互成一定角度。在這種情況下，手臂使出來的力量，必須大於書的重力，這樣才能將繩子拉成一條直線。雙臂施加的力量和水平方向的角度越小，所需要的力量也就越大。當繩子接近水平方向的時候，往往會無法承受巨大的拉力而斷掉。

通俗而言，這個小遊戲實際上就是你和書重力之間的拔河比賽，輸掉的總是遊戲者，而書總會成為贏家。

10、蠟燭做的蹺蹺板

你想得到嗎？蹺蹺板也是一種槓桿。想不想做個另類蹺蹺板？那就一起來操練吧！

遊戲道具

長蠟燭一支，細鐵絲一根，鉗子一把。

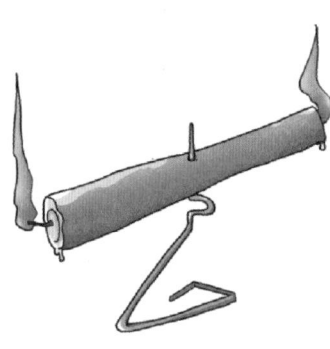

遊戲步驟

第一步：剪一段鐵絲，把它燒熱後從蠟燭中部穿過。

第二步：用鐵絲彎成一個支架。

第三步：把蠟燭架在做好的支架上。

第四步：點燃蠟燭的兩頭。

遊戲現象

這時蠟燭就成了一個蹺蹺板，一會兒這頭翹起來，一會兒那頭翹起來，是不是很有趣呀！

科學揭秘

開始時，蹺蹺板的重心正好在它的軸上，兩根蠟燭可以保持平衡狀態。但只要有一端的蠟油落下，重心馬上就會轉移向另一側，而更重一些的，火焰燃燒程度也就更大一些。兩端蠟燭輪流滴下蠟油，重心也隨之不斷從一端向另一端轉移。

11、停留在杯沿上的鈕釦

如果你把一顆鈕釦放在茶杯的邊沿上，它必然會一碰到杯邊就立即掉下來。雖也不會相信鈕釦會停留在杯沿上，即使你想在它的上面固定一個重物，但有一個辦法可以讓不可能變為可能。

遊戲道具

盛有半杯水的茶杯，兩支叉子，一顆扁平的鈕釦。

遊戲步驟

用兩支吃飯用的叉子夾住鈕釦，然後再將它放在杯沿上。

遊戲現象

鈕釦就會這樣停留在杯沿上。

科學揭秘

叉子曲柄的頂端特別沉重，並半環形繞著茶杯，於是，鈕釦的重心恰好在杯沿的位置，所以這個造型就可以在這裡保持平衡了。

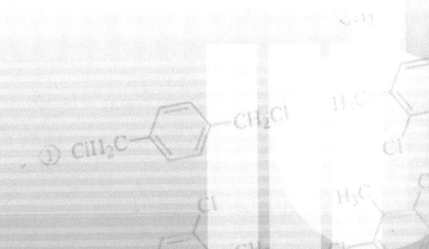

12、踮不起來的腳尖

　　伸伸手，彎彎腰，踮踮腳尖……看似簡單的動作，卻難倒了許多人。

遊戲道具

　　一扇門。

遊戲步驟

第一步：將門敞開。

第二步：鼻子、腹部緊貼門邊，雙腳放在門扇兩側，試著用力踮起腳尖。

遊戲現象

　　你會發現，平時常做的最簡單的墊腳尖動作，竟然無法完成了。

科學揭秘

　　一個人直立在門扇旁邊的時候，要想踮起腳尖，重心必須要前移，但是豎立著的門扇邊，擋住了你，使你無法完成這個普通的再也不能普通的動作。

E=MC2

第四節

和力有關的小遊戲

1、無法折斷的小火柴

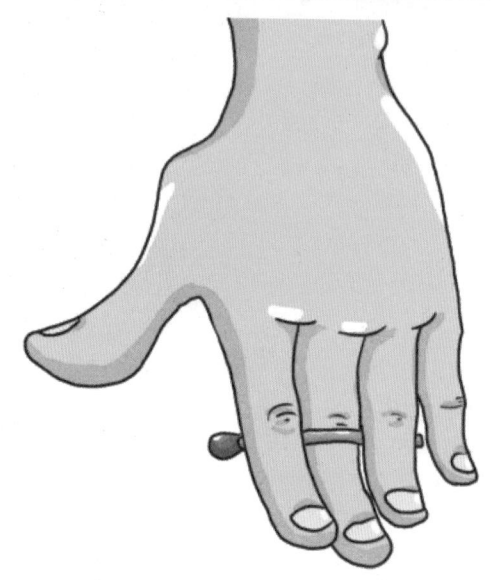

　　一個力大無窮的壯漢，卻折不斷一根小小的火柴，你認為這可能嗎？可是事實就擺在你面前，不服不行。

遊戲道具

　　小火柴一根。

遊戲規則和步驟

　　將小火柴放在中指的第一個關節背部，食指和無名指各搭著火柴一端向下用力壓，中指向上抬。

遊戲現象

無論你怎麼用力，火柴紋絲不動，無法折斷。

科學揭秘

從力學角度而言，你的手指並沒有處在槓桿作用的有利位置。

大家都知道，槓桿是一種用處很廣的簡單機械。所謂槓桿，就是能繞著固定點轉動的桿。槓桿開始作用時，固定的一點稱之為支點，加力的一點稱之為力點，克服阻力的一點，稱之為重點。從支點到力點的距離，稱之為力臂，或者動力臂；支點到重點之間的距離，稱之為阻力臂，或者重臂。

三點兩段間，隨著距離的改變，力的大小也在改變。當阻力臂比動力臂短的時候，我們會感覺很省力。這就是我們為什麼能用撬桿輕鬆將一塊巨石撬起來的緣故。當阻力臂較長的時候，我們會感覺石頭的重量增加了。其實石頭的重量沒有變化，是我們作用到石頭上的力變小了。

火柴的支點，處在中指第一個關節處，這麼遠的距離施加力，手指的作用力太小，無法折斷火柴。當火柴移動，靠近手掌一側的時候，手指構成的槓桿動力臂長度增加，就有足夠的力來折斷火柴了。

遊戲提醒

玩這個遊戲的時候，不要將手指放在桌子上，或者讓拇指和小指幫忙等等，這些都屬於犯規。

2、四兩撥千斤

四兩撥千斤，一般出現在武俠小說中的武術打鬥中。現實生活中也存在這樣的情況，不信你玩玩下面這個遊戲。遊戲建議人數：四人。

遊戲道具

竹竿或者長棍子一根，32開的白紙一張。

遊戲步驟

第一步：將白紙放在地上，一個人趴在地上。

第二步：另外三個人一起拿著長棍，直戳地下的白紙。

第三步：趴在地上的人在其他三個人用力下戳的時候，用手杖輕輕將下落的棍子往旁邊推。戳到白紙算三個人贏；戳不到白紙算地下的那個人贏。

遊戲現象

儘管三個人六隻手臂的力量，比地下那個人一隻手掌的力量大好多倍，但他們一次也無法戳到白紙，每次都被手掌輕輕一撥，棍子便偏離了白紙。

科學揭秘

不同方向的力，起著不同的作用。棍子下戳的力，和把棍子往旁邊推的力量，是相互獨立的。下戳的力儘管力量大，但漂浮在半空中沒有依靠，所以抵擋不住手掌的輕輕一撥。類似的例子在生活中經常遇到：

當吊車吊起數噸重的物體時，一個人站在旁邊就能將它扯動。

　　同樣，在武術動作中，這樣的應用更是廣泛。迎面來了一記兇猛的直拳，對方只要用很小的力氣，就能將直拳撥開。

3、以一當十的大力士

　　常言道：「一夫當關，萬夫莫敵。」在這個遊戲中，你能真正體會到「勇士」的自豪。此遊戲建議人數十個人或者更多。

遊戲規則

　　十個參加遊戲的人站成一排，一個推一個站好；你自己站在面朝牆根，雙手扶住牆，然後讓你身後的十個人推你。

　　科學現象：或許你不願意做這個遊戲，因為十個人推你一個人，這似乎太不公平了。但是別忘了，假如你能頂得住十個人的推力，你就成

了大勇士！

　　事實上，這個勇士基本上人人都可以當，因為一般情況下，你總能頂住十個人的推力。

科學揭秘

　　難道你真的是大勇士嗎？給你一個沮喪的答案：不是。

　　其實，這個遊戲裡面蘊含著關於力的科學規律，秘訣十分簡單。每個人所傳遞的力，不能大於自己的力，否則他就頂不住了。大家都站在一條線上，後面的人推前面的人，同時他自身也需要反作用力來對付背後推他的人。假如有一個人的氣力特別大，他可能比身後的人推的更加有力一些，但這也僅僅是他一個人的力。所以，你只要留心站在你後面的人就行了。只要你頂住了他的推力，後面的人再多，你也能頂得住。所以，這個遊戲儘管能讓你享受大勇士的榮耀，但還不能證明你就是大力士。

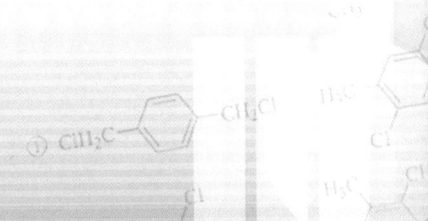

4、彈子鎖吊起重秤砣

一把彈子鎖，將比自身重十幾倍的大秤砣吊了起來，你認為這可能嗎？此遊戲建議兩個或者兩個以上人玩耍。

遊戲道具

小彈子鎖一把，秤砣一個（重量要比小彈子鎖重），木線軸、繩子（結實，不宜扯斷）。

遊戲規則

不允許用手拉動，讓彈子鎖將秤砣提升一定高度。

遊戲步驟

第一步：將彈子鎖鎖住，繩子牢牢繫在鎖上。

第二步：繩子從木線軸的眼裡面穿過去，牢固系在秤砣上。

第三步：左手拿住秤砣上方的繩子，將秤砣提起來；右手握住木線軸，舉到頭頂上方，開始讓彈子鎖在頭頂旋轉，要讓彈子鎖在空中旋轉的軌跡，和地面平行。隨著彈子鎖旋轉速度的加快，左手放鬆繩子。這時候你會發現什麼？

遊戲現象

比彈子鎖重十幾倍的秤砣，被旋轉著的彈子鎖慢慢提升了上去，輕物品吊起了重物品。

科學揭秘

當物體在做圓周運動的時候，比如彈子鎖在空中旋轉，有一種力向離心方向作用，稱之為離心力。通俗而言，離心力就是物體在圓盤上旋轉產生背離圓盤中心的力，比如洗衣機的脫水桶就是使用離心力的原理。

輕物品怎麼能將重物品吊起來呢？原來，這是離心力引發的現象。彈子鎖在旋轉過程中，產生了離心力；旋轉的速度越高，離心力也就越大。當離心力大於秤砣的重力時，就能將秤砣提起來了。

5、你能用棍子捅穿薄紙嗎？

這個看起來十分簡單的遊戲，卻會讓你束手無策。不信，試試看。

遊戲道具

薄紙一張（比如柔軟的面紙、衛生紙或餐巾紙等），硬紙板做的長圓筒（比如裝蠟紙的圓筒、裝羽毛球的圓紙筒等），橡皮筋一根，棍子一根，細沙少許（也可用細鹽代替）。

遊戲步驟

第一步：用面紙將紙筒的一端包住，用橡皮筋固定。

第二步：圓筒裡面倒上八公分厚的細沙。

第三步：一手緊握圓筒，一手拿棍子，用力往圓筒裡面捅，看是否能將裹在圓筒外面的薄紙捅破。

遊戲現象

　　儘管你卯足了勁，你卻無法將薄紙捅破。或許你不甘心，接二連三的試驗，結果還是一樣，薄紙毫髮無傷。

科學揭秘

　　這是力的傳播在作怪。

　　當你用力用棍子捅沙子的時候，棍子上的力，由於沙子的阻擋，並沒有完全傳到面紙上去。另一個重要的原因是，沙子之間有很多微小的空隙，當用力用棍子往裡面捅的時候，沙粒之間彼此碰撞，將力傳導分散到四面八方，也就是沙子受力後，將力量分散到圓筒的各個表面，只有很小一部分力到達薄紙上，而這個力，還不足以使薄紙破裂。

　　自從有了戰爭，發明了槍炮，在陣地上對壘的戰士們，就用沙袋做為掩體，來阻擋高速射來的槍彈，就是利用這個科學原理。

6、難捨難分的濕玻璃杯

兩個空的玻璃杯，沾上水後，為什麼具有如此之大的黏合力呢？科學會給你一個完美的答案。

遊戲道具

同等規格的兩個玻璃杯（口大杯底小的那種）。

遊戲步驟

第一步：將兩個玻璃杯套在一起。

第二步：套在外面的玻璃杯杯口淋上一點水，使兩個玻璃杯之間形成一層超薄的水膜。

第三步：試著將兩個玻璃杯拔開。

遊戲現象

儘管你對自己的力氣充滿信心，可是現實情況給了你沮喪的答案：任你用多大的力氣，兩個杯子就像用神力膠黏貼在一起似的，牢不可破，難以分開。

科學揭秘

要解釋這種現象，需要明白什麼是內聚力，什麼是附著力。內聚力是在同種物質內部相鄰各部分之間的相互吸引力；附著力是兩種不同物質接觸部分的相互吸引力。

水分子之間聚合在一起，產生了內聚力；水和玻璃之間相互吸引，

產生了附著力。兩個濕杯子緊緊套在一起，兩種力結合起來，具有了極大的黏合力，所以難捨難分。

怎樣才能將兩個杯子分開呢？往裡面的杯子灑一些冷水，外面的杯子在熱水裡浸一下，立刻拔，兩個杯子就輕鬆分開了。這是因為熱脹冷縮，裡面的杯子收縮，外面的杯子膨脹，雖然熱脹冷縮極其細微，但是破壞了水分子和玻璃之間的黏合力。需要注意的是，拔開杯子的動作要快，否則兩個杯子會黏合得更加牢固。

7、你能將紙撕開嗎？

　　一張薄紙，你卻無法按照你的意志來左右它。在自然界，任何事物都要遵循科學規律，否則將難以達到目的。

遊戲道具

　　白紙一張，剪刀一把。

遊戲步驟

第一步：將白紙折成三等分，沿著兩道折痕，分別用剪刀剪開，但不要剪斷，連接部分要留出三公分左右的長度。

第二步：雙手拿住白紙連接部分，用力撕，看能不能一下子將這個白紙撕為三片。

遊戲現象

　　不管你動作多快，力氣多大，你無法將這張脆弱的薄紙撕成三片。

科學揭秘

　　在破壞性的運動中，力的作用點，總是尋找物體最薄弱的地方。白紙的兩個剪口就是受力點。雖然表面看來，兩個剪口沒有什麼區別，但實際上是有差別的。當我們用力撕扯的時候，兩個剪口中較為堅固的剪口沒有被撕壞，較為薄弱的剪口受力開裂。一旦開裂，後續撕扯的力量都會作用到這一點，直到剪口完全撕開。所以一次將薄紙撕成三片是無法做到的。

8、被難倒的大力士

兩個大力士，卻無法將一個體重正常的人抬起來，你知道這是為什麼嗎？

遊戲規則

身體直立站好，雙手各自搭在手臂同側的肩膀上，手臂儘量和地面保持水平。請兩個力氣大的人，托住你的手肘，看他們能否將你抬起來。

遊戲現象

在做這個遊戲之前，兩名大力士一定信誓旦旦地認為，這還不容易嗎！可是事實讓他們失去了顏面：無論他們怎麼用力，也無法將你抬起來。

科學揭秘

兩個和地面水平的手肘，是大力士敗北的關鍵。因為兩個手肘遠離人體的重心，所以無法將你抬起來。如果手肘收回身體兩側，兩人就能輕而易舉地將你抬起來了。

手肘距離身體的重心越遠，所需要用來克服體重阻力的力氣也就越大。就這麼短短的一段距離，竟然讓兩個大力士束手無策，你就像受了孫悟空的定身術一樣，牢牢站立在地面毫不動搖。

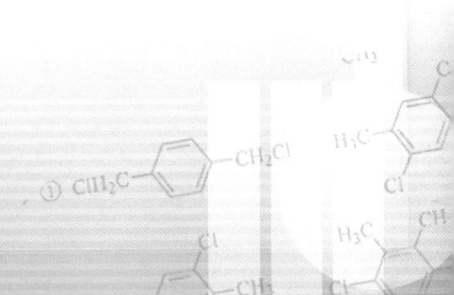

9、失而復返的盒子

　　用罐頭可以製作出很多有趣的小玩具。對於圓筒式的罐頭，一般而又簡易的玩法是比賽誰將它滾動的最遠，但這種玩法簡單枯燥。因為在滾動罐頭的時候，除了掌握好正確的姿勢之外，剩下的就是比力氣了。在這個遊戲中，我們對罐頭做了一個小小的改變，誰投擲的東西能自動返回，誰就是優勝者。透過這個遊戲，你可以管窺運動的神奇魔力。此遊戲建議人數：兩人或者兩人以上。

遊戲道具

　　每人一個圓柱形罐頭，每人一根橡皮筋，繩子數段，釘子一枚，螺絲帽少許。

遊戲步驟

第一步：將罐頭側邊用剪刀剪開一個小口；用釘子在罐頭的底部和頂部，各穿兩個小孔。

第二步：將橡皮筋穿進小孔中，透過側邊的小口，將一根橡皮筋上面懸掛一個螺絲帽之類的重物。

第三步：將罐頭放在地上，向前滾動，觀察現象。

遊戲現象

　　罐頭滾動一段距離後就會停下來，然後往回滾動。

科學揭秘

　　不明真相的人，一定認為這個罐頭具有神奇的魔力。說白了很簡單：因為螺絲帽重力比較大，而且懸掛在懸垂點的下面，所以不能隨著罐頭一起做圓周轉動，只能將橡皮筋纏繞起來。當橡皮筋纏繞到一定極限的時候，罐頭也就停止了滾動。緊接著，蓄積在橡皮筋上面的能量，致使橡皮筋反彈。反彈的力量使得螺絲帽有了大幅度的擺動，推動罐頭往回翻滾。

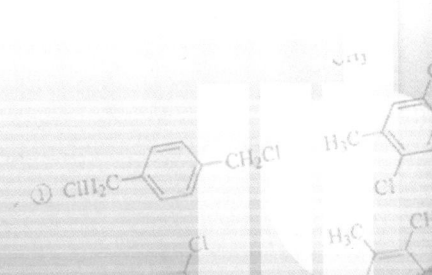

第二章

神奇的生物世界

Ⅰ、氧氣製造工廠

　　人類居住的地方，為什麼喜歡多種樹、多種草呢？因為植物能吸收空氣中的二氧化碳氣體和其他污染物，淨化空氣，釋放出氧氣，增加空氣中的含氧量。

　　植物是怎樣製造氧氣的呢？下面這個遊戲可以讓你看到最直觀的氧氣製造過程。

遊戲道具

　　一段水草（或其他水生植物的枝葉），臉盆一個，透明的玻璃杯一個，清水適量。

遊戲步驟

第一步：將臉盆裡面裝滿清水。

第二步：玻璃杯內放入水草，裝滿清水。

第三步：塑膠卡片或者硬紙板將玻璃杯口封住，倒扣進臉盆裡面。

第四步：將臉盆放進陽光充足的地方，觀察現象。

遊戲現象

你會看見，水草的葉子上聚集了很多小氣泡，小氣泡不斷升高，一直到了玻璃杯的液面上部。

科學揭秘

這些小氣泡裡面，充滿了氧氣。

這就是綠色植物釋放氧氣的最直觀過程。和地面上的綠色植物一樣，水中的綠色植物同樣能夠釋放出氧氣，這更有利於我們進行科學觀察。

植物製造氧氣，是進行光合作用的一個環節。光合作用（Photosynthesis）是植物、藻類和某些細菌利用葉綠素，在可見光的照射下，將二氧化碳和水轉化為有機物，並釋放出氧氣的生化過程。植物之所以被稱為食物鏈的生產者，是因為它們能夠透過光合作用利用無機物生產有機物並且貯存能量。透過食用，食物鏈的消費者可以吸收到植物所貯存的能量，效率為30%左右。沒有綠色植物，動物和人就無法生存。

和植物的光合作用相反的是，人類將含有氧氣的空氣吸入到肺部，傳導入血液，然後進行一系列的化學反應，最後排出廢氣——二氧化碳，然後，植物利用光合作用消耗我們呼出的二氧化碳。光合作用對於地球上的碳氧循環，起著至關重要的作用。

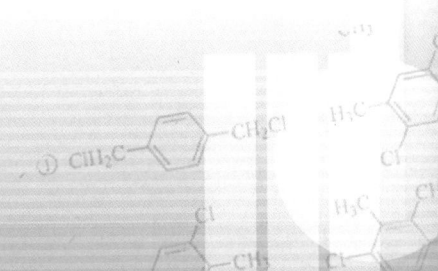

2、呼吸著的綠葉植物

在上一個遊戲中我們知道，植物進行光合作用的時候，吸入二氧化碳，呼出氧氣，有人認為將植物放在臥室中，就能保持空氣清新，增加居室內的含氧量。你認為這樣做符合科學原理嗎？

遊戲道具

可以密封的箱子一個，綠葉植物一株（比如體型較小的花兒等）。

遊戲步驟

第一步：將綠葉植物放入箱子中，將箱子密封（比如用稀泥將箱子的縫隙塗抹住；或者用塑膠布在外面罩住，用繩子綁結實等）。

第二步：綠葉植物在箱子內放置四十八個小時後，點燃一根蠟燭，迅速將蠟燭放入箱子內，觀察現象。

遊戲現象

蠟燭很快熄滅了。

科學揭秘

蠟燭之所以熄滅，是因為箱子裡面缺乏足夠的氧氣。原來，植物和我們大多數生物一樣，時時刻刻都在進行呼吸。植物的呼吸和人類的呼吸所不同的是，人類的呼吸總是吸入氧氣，呼出二氧化碳；而植物的呼吸則是白天吸入二氧化碳，在光合作用下釋放出大量氧氣；而到了晚上，光合作用停止，植物則吸入氧氣，呼出二氧化碳了。

綠葉植物將箱子內的氧氣消耗盡了，所以蠟燭在裡面無法燃燒。

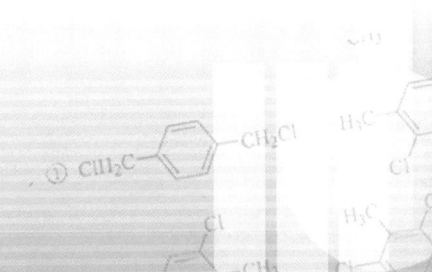

3、小瓶子裡的大蘋果

卡蒂七歲生日那天，身為生物學家的父親，送給了卡蒂一個奇特的生日禮物：一個小口圓肚玻璃瓶內，有一個又大又紅的蘋果。卡蒂拿著這個奇特的生日禮物向夥伴們炫耀，夥伴們紛紛問卡蒂：妳爸爸是怎樣將蘋果放進瓶子裡的呢？卡蒂說：我爸爸用了一個奇妙的方法。你知道這個方法嗎？提示一下：這個方法需要智慧和耐心哦。

遊戲道具

一個小口大肚子的玻璃瓶，一棵蘋果樹。

遊戲步驟

要想給朋友們一個驚喜，的確需要耐心。拿著玻璃瓶走近果園，選

擇一個長著蘋果的粗枝條，小心翼翼地將蘋果塞進瓶子裡。選擇的蘋果不能太大，否則難以裝進瓶子。然後用繩子將瓶子綁在果樹上，大自然會給你一個驚喜的！

遊戲現象

幾個月後，到了蘋果成熟的季節，你會發現小口大肚的瓶子裡面，生出了一個又大又圓的蘋果。

科學揭秘

這似乎沒有什麼秘密，就是一個果實正常的生長過程，只要那個瓶子透明，能讓瓶子內的蘋果正常採光，蘋果都會健康生長。如果你想在蘋果上留下祝福語，也很簡單：將菸盒裡面的鋁箔剪成你想要的詞語或者圖案，用膠水黏貼在未成熟的蘋果上。等蘋果紅透的時候，揭下鋁箔，你會發現陽光給你在蘋果上留下了字跡圖案。當然囉！聰明的你一定會將這個技巧運用在其他水果上，甚至苦瓜等植物。

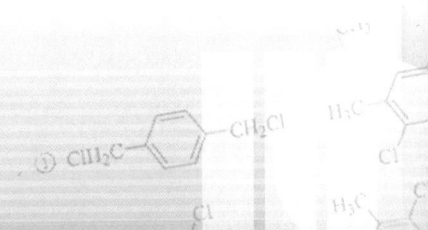

4、雞蛋殼的滲透觀察

　　所謂滲透，指的是低濃度溶液中的水或其他溶液，透過半透性膜進入較高濃度溶液中的現象。植物細胞中的原生質膜、液泡膜都是半透性膜。植物的根主要靠滲透作用從土壤中吸收水分和礦物質等。

　　下面這個小遊戲，能讓你直觀地感覺到滲透的科學過程。如果你將遊戲中的雞蛋，想像成植物的根，你可以直觀觀察到，植物根部是怎樣吸收土壤中的營養的。

遊戲道具

　　透明的細玻璃管或者塑膠管一根，小刀或者釘子一根，蠟燭一根，新鮮雞蛋一個，玻璃杯一個。

遊戲步驟

第一步：用小刀或者釘子，剝去一小塊雞蛋皮，注意別損傷雞蛋內部的薄膜。

第二步：在雞蛋的另一端用針扎開一個小孔，將塑膠管插到雞蛋蛋液中去，至少需要插進去兩公分。

第三步：點燃蠟燭，將插著塑膠管的雞蛋小孔處，滴幾滴蠟油，將小孔密封，別讓空氣或水分滲進去。

第四步：玻璃杯內裝上四分之三的水，將雞蛋放進去，插著管子的一頭朝上，隨後觀察現象。

遊戲現象

你會看到雞蛋裡面的蛋液慢慢上升到了塑膠管內；幾小時或者幾天後，蛋液進入管子，越升越高，甚至溢了出來。

科學揭秘

這是因為杯子中的水，滲入到了雞蛋之中。有人或許要問，雞蛋蛋液和水之間，不是有雞蛋膜隔開的嗎？杯子裡面的水怎麼還能進入到雞蛋裡面去了呢？這就是滲透。雞蛋的薄膜上面，分佈著很多微小的孔，這些小孔能讓細小的水分子通過，並且進入到雞蛋內部；但是，分子較大的蛋液，卻無法通過雞蛋膜進入到水裡面。雞蛋膜就像植物細胞中的原生質膜、液泡膜一樣，是一層「半透性膜」。當水源源不斷滲入到雞蛋中時，蛋液的體積就會增加膨脹，隨著管子溢出了雞蛋殼。

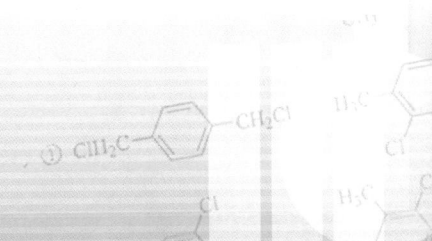

5、水往何處去？

水往低處流，鳥往高處飛，這似乎是一成不變的定律。但在科學面前，這樣的定律似乎站不住腳——水也能往高處流。請看下面的這個小遊戲。

遊戲道具

粗纖維的蔬菜一把（比如芹菜），玻璃瓶一個，清水適量，紅墨水或藍墨水少許。

遊戲步驟

第一步：將清水倒進玻璃瓶內，滴入墨水，讓清水染色。

第二步：將粗纖維的植物（比如芹菜）放入玻璃瓶內，放在溫暖向陽的地方，隔段時間觀察現象。

遊戲現象

幾個小時後，你會發現粗纖維植物的梗和葉子，出現了被墨水的顏色。

科學揭秘

這是因為玻璃瓶中的水往高處走的緣故。

以芹菜為例。將芹菜切開，你會看到裡面有很多細如毛髮的小管子。水就是透過這樣的小管子流到芹菜梗和葉子上面的，就像被吸管吸上去的一樣，這種現象被稱為「毛細現象」。毛細現象的正確概念是：浸潤液體在細管裡升高的現象和不浸潤液體在細管裡降低的現象，叫做毛細現象，能夠產生明顯毛細現象的管叫做毛細管。芹菜切面上的管子，就是毛細管。

毛細現象在生物界、自然界和生產領域有著廣泛的應用。比如植物就是利用毛細現象，從土壤中吸取水分，將水分一直輸送到枝葉上去。磚塊吸水、毛巾吸汗、毛筆吸墨水都是常見的毛細現象。在這些物體中有許多細小的孔道，起著毛細管的作用。

水沿毛細管上升的現象，對農業生產的影響很大。土壤裡有很多毛細管，地下的水分經常沿著這些毛細管上升到地面上來。如果要保存地下的水分，就應當鋤鬆地面的土壤，破壞土壤表層的毛細管，以減少水分的蒸發。

有些情況下毛細現象是有害的。例如建築房屋的時候，在　實的地基中毛細管又多又細，它們會把土壤中的水分引上來，使得室內潮濕。蓋房子時在地基上面鋪油氈，就是為了防止毛細現象造成的潮濕。

6、豆芽根對地心的「癡情」

一般人認為，植物是沒有感情的。可是在下面的這個科學小遊戲中，我們可觀察到植物根部對地心那種獨特的「癡情」。

遊戲道具

兩塊玻璃板，兩條根橡皮筋，發芽的豌豆，臉盆一個，細棉布一塊。

遊戲步驟

第一步：在兩塊玻璃板中間舖好細棉布和發芽的豌豆，用橡皮筋固定。

第二步：將玻璃板放入盛水的盆子裡，放置在陽光充足的地方。

第三步：每天調換玻璃板的角度，觀察現象。

遊戲現象

你會發現，無論玻璃板的角度如何調整，豆芽根總是向下生長，無論生長的路線多麼曲折，總不放棄對地心的追求。

科學揭秘

事實上，所有的植物對地心情有獨鍾，它們的根部永遠朝著地心的方向生長。只要你仔細觀察，你會發現在山坡上生長的植物，根部的方向是朝著地心生長的，而不是沿著山體的方向。這說明植物具有定向運動的特點，這和地心的巨大引力是有關係的。

7、迷失方向的根鬚

在剛才的遊戲中，我們知道植物是具有「向地性」的。影響植物向地性的因素，除了地心引力之外，還有哪些因素呢？

遊戲道具

玉米種子數粒，細沙土適量。

遊戲步驟

第一步：將細沙土濕潤，放入玉米種子，保持濕潤的條件和適宜的溫度。

第二步：種子長出一兩公分長的根時，取出其中兩株，將其中一個玉米的根尖切除，然後水平放置，過幾天後觀察現象。

遊戲現象

幾天後，被切除根尖的玉米根，似乎迷失了方向，開始沿著水平線方向生長了；而另一個沒有切除根尖的玉米根，自動向下彎曲生長。

科學揭秘

植物的根都有向地性，它們都能夠感受重力的作用。所以即便水平放置，也會自動尋找地心的方向，彎曲向下生長。

感受地球重力、控制根向下生長的指揮部，在根的根冠。根冠根據重力方向的變化，分泌生長素，來控制根的生長。所以當根部的根冠切除後，根的生長也就迷失了方向，不再向下生長了。

8、種子發芽和呼吸

　　科學研究認為，種子發芽的時候，就像人類一樣是需要進行呼吸的。種子是怎樣進行呼吸的呢？下面這個科學小遊戲，可以讓你直觀感受種子的呼吸。

遊戲道具

　　大玻璃瓶一個，乾燥的玉米、小麥或者大豆種子，水杯一個，開口的小玻璃瓶，氫氧化鈉溶液，軟木塞，凡士林，紅墨水，塑膠軟管。

遊戲道具

第一步： 大瓶子內裝上種子，約占玻璃瓶的三分之一。

第二步： 將氫氧化鈉溶液裝進小瓶子裡面，放到大瓶子的種子上面。用軟木塞或者香蕉皮塞住大瓶口，在縫隙處抹上凡士林，使之密封，避免漏氣。

第三步： 大瓶塞上鑽一個小孔，插入一根透明的塑膠管，在塑膠管和瓶塞介面處抹上凡士林或者滴上蠟油，使之密封，避免漏氣。

第四步：塑膠管的另一端通入水杯內，水杯內裝滿清水，滴入紅墨水，
　　　　幾天後觀察現象。

遊戲現象

你會看到水杯內的紅色水，沿著塑膠管不斷上升，隨著天數的增加，紅水被塑膠管越吸越高，進入了大瓶子內。

科學揭秘

水杯內的紅水，為什麼能沿著塑膠管上升呢？

這是因為大瓶子內的種子在進行呼吸。種子的呼吸過程，就是吸收空氣中的氧氣，呼出二氧化碳。容器內的種子呼出的二氧化碳，被小瓶子內的氫氧化鈉溶液吸收。所以大瓶子內的空氣密度降低，氣壓減弱，大瓶子內的氣壓，小於外界氣壓，所以水杯內的水就隨著塑膠管升高了。

一般狀態下，越是乾燥的種子，呼吸越微弱，生命力也就越持久；潮濕的種子富含大量水分，呼吸十分旺盛，也就很容易失去生命力。

不同植物的種子，壽命期限也不一樣。垂柳的種子成熟後，超過十二小時就失去了發芽的能力，而有些植物的種子，發芽壽命是很高的。在中國遼寧普蘭店，生物學家發現了一粒古代的蓮子，根據研究認定，這枚古蓮子大約成熟於1000年以前。不久，古蓮子被移送到北京植物園內，發芽生長了。

9、種子萌芽需要陽光嗎？

一個種子在萌芽過程中，需要陽光嗎？下面這個科學小遊戲，可以給予合理的解釋。

遊戲道具

兩個盤子，細沙適量，麥子十幾粒，黑盒子一個。

遊戲步驟

第一步：兩個盤子中放入細沙少許，加水使之濕潤。

第二步：每個盤子放入幾個麥子，一個盤子放在陽光充足的地方，另一個盤子放在沒有陽光的地方，或者用黑盒子蓋住。

第三步：兩個盤子中的麥子保持濕潤，直到遊戲結束。

遊戲現象

你會發現，種子在萌發過程中，和陽光沒有太大的關係，兩盤麥子的萌發情況沒有區別。

科學揭秘

種子在適宜的環境下，慢慢發芽，生長成一株幼苗，這就是種子萌發的過程。

種子萌發的養分，來自於種子內部所貯藏的養料，不需要進行光合作用，所以不需要陽光。水、空氣和適宜的溫度，是種子萌發的三個主要條件。

當然也有特殊情況。某些種子具有特殊性質，在沒有陽光的環境下，萌發的情況會稍微差一些。

10、蝸牛的速度

在動物的行走速度中，蝸牛是比較慢的，下面這個小遊戲讓我們走近蝸牛，來看看蝸牛是怎樣行走的。

遊戲道具

透明玻璃板一個，注意不要太厚，蝸牛一隻。

遊戲步驟

將蝸牛放在玻璃板上，從玻璃下面觀看蝸牛是怎樣行走的。

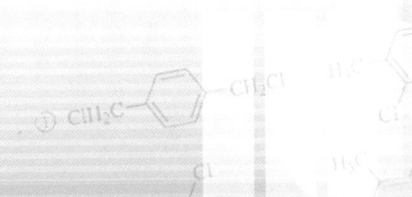

遊戲現象

你可以看到蝸牛在玻璃上留下的條狀的足跡陰影。

科學揭秘

蝸牛爬行時是按照均勻的速度、透過肌肉的收縮向前運動的。在運動過程中，蝸牛的前部分向前推，後部分向前拉。用計時器觀察蝸牛的爬行速度，可以得出蝸牛的爬行速度為每分鐘十二公分。

蝸牛喜歡在陰暗潮濕、疏鬆多腐質的環境中生活，晝伏夜出，最怕陽光直射，對環境反應敏感。所以在潮濕的草叢中、菜園裡或者葡萄園中，比較容易找的到蝸牛。

11、刀鋒上爬行的蝸牛

蝸牛和地面接觸的部位是很柔軟的。假如一隻蝸牛在鋒利的刀鋒上爬行，刀鋒會傷害蝸牛柔軟的腹部嗎？

遊戲道具

蝸牛一隻，刮鬍刀片一個。

遊戲步驟

將刀片立起來，蝸牛放到刀口上，讓牠向前爬動，觀察現象。

遊戲現象

你會發現蝸牛在鋒利的刀口上慢吞吞地閒庭信步，安然無恙。

科學揭秘

為什麼鋒利的刀口，無法傷及蝸牛柔軟的腹部呢？這是因為蝸牛的腳上有很多腺體，不斷排放出黏液，黏液能將刀口等蝸牛爬行過的一切路徑舖滿，蝸牛實際上是在黏液上滑行的，所以無論粗糙的地面，還是鋒利的刀口，都無法使蝸牛受傷。

12、螞蟻的膽量

一個小小的惡作劇，引起了螞蟻的慌亂，螞蟻的膽子，真的這麼小嗎？

遊戲道具

螞蟻一隻。

遊戲步驟

尋找在洞口遊走的螞蟻，對著螞蟻吹氣，觀察現象。

遊戲現象

不一會兒你會發現，螞蟻變得慌亂無比。又過了一會兒，洞口聚集了大量驚恐不安的螞蟻，牠們慌慌張張地爬來爬去。兩分鐘之後，當你停止對螞蟻呼氣後，螞蟻迅速地恢復了正常。反覆重複和螞蟻的這個小玩笑，你會看到螞蟻的表現，都是一樣的。

科學揭秘

螞蟻膽子真的就這麼小嗎？非也。科學研究發現，螞蟻的觸覺十分靈敏，當我們對螞蟻呼氣時，大量噴出的二氧化碳觸動了螞蟻的身體，螞蟻靈敏的觸覺迅速感受到了二氧化碳對牠們的威脅（人體排出的二氧化碳氣體，會對螞蟻造成一定的威脅）。於是，牠們用獨特的方式傳遞信號，當其他螞蟻得到這個信號後，也會變得驚恐不安。當我們停止對螞蟻的呼氣時，螞蟻那種被威脅的感覺消失，於是回到了常態。

13、復活了的蒼蠅

蒼蠅的生命力極強，不信你看下面蒼蠅的復活本領。

遊戲道具

室內飛行的蒼蠅一隻，清水適量，食鹽少許。

遊戲步驟

第一步：將蒼蠅放入水中，幾分鐘後觀察現象。

第二步：把蒼蠅從水中撈出來，用乾燥的食鹽將其埋起來，二十分鐘後
　　　　觀察現象。

遊戲現象

第一步，蒼蠅沒有了任何生命特徵，就如同窒息身亡似的；第二步，蒼蠅復活了，牠蠕動身體，從鹽堆中爬了出來，飛走了。

科學揭秘

掉在水裡面的蒼蠅並沒有死亡，而是暫時休克了。在蒼蠅的翅膀、腿部和身體的其他部位，佈滿了無數個細微的呼吸管。水將蒼蠅的呼吸管塞滿，蒼蠅失去氧氣的供應，暫時休克。

乾燥的鹽具有吸潮的能力，將蒼蠅呼吸管內的水分吸了出來，蒼蠅恢復了供氧，復活了。

遊戲提醒

遊戲完畢後注意反覆清洗雙手。

14、摔不死的螞蟻

一隻螞蟻居然搬了一小個麵包，想從花盆邊沿悄悄溜走，可是牠做夢也沒想到，竟失足從花盆邊沿掉了下去！

「哎，這個獨立的小傢伙就這麼死了，真是可惜呀！」

當你想拾起小螞蟻將牠在花盆裡安葬時，卻發現螞蟻還沒有死，正在往陽台上面爬呢！這是怎麼回事？難道螞蟻從高處掉下來不會摔死嗎？為了弄明白螞蟻摔不死的原因，我們來做了個小實驗。

遊戲道具

蟻蟻一隻。

遊戲步驟

用牙籤在花盆邊上引來一隻蟻蟻，把牠帶到書桌上，輕輕地抖落蟻蟻。

遊戲現象

落在地上的蟻蟻安然無恙，絲毫不受傷害，小小的蟻蟻還是那樣一副沉著冷靜的樣子。「不行，再高一點。」第二次結果還是一樣。第三次，第四次……蟻蟻還是繼續向前爬，唯一不同的是離地面距離高一些，牠在地上不動的時間稍微長一點。

科學揭秘

任何物體在空氣中運動時都會受到空氣的阻力，受到空氣阻力越大，物體下落的速度就越慢。蟻蟻身體很輕，受到的空氣阻力相對較大，而且蟻蟻在下落時，六隻腳總在不停地擺動，致使蟻蟻在空中停留的時間變長了。這樣當牠落地時速度還是很小，所以蟻蟻受到地面的撞擊力也很小，蟻蟻當然就摔不死了。

15、走出「迷宮」的牽牛花

有些植物具有獨特的探路本領。假如你將它關在一個曲折的暗室中，它總能夠找到擺脫黑暗的陽關大道。

遊戲道具

牽牛花種子數粒，紙盒子一個。

遊戲步驟

第一步：紙盒子內用小紙板隔斷成幾個小房間，然後每個房間交錯打通，形成一個路徑曲折的暗道。在暗道的頂端開一個天窗。

第二步：將牽牛花種子種在花盆裡，生長成幼苗後移入紙盒子，數天後觀察現象。

遊戲現象

大約一星期後，你會發現牽牛花幼苗巧妙地穿過了暗室中的通道，從天窗探出頭來。

科學揭秘

原來，植物對於光線具有特別的感情，總是朝著陽光生長。牽牛花勇敢的追逐陽光，所以能克服重重困難，透過暗室中的通道，到天窗上尋找陽光。植物在發育生長過程中受陽光照射的影響會朝著陽光射來的方向生長，我們稱之為「向光性」。

牽牛花為什麼能穿過暗室內蜿蜒曲折的通道，尋找到天窗上的陽光

呢？這是因為在每個植物的細胞內，都含有一種生長素，這種生長素對光線十分敏感，能夠控制植物的生長發育方向。

16、雙色花

一朵鮮花兩種顏色，不是基因改變了，只是做了一個小小的「手術」而已。親手操作一下，很容易的哦！

遊戲道具

綠色和紅色的鋼筆水，一支開白花的花梗，刀片，兩個小玻璃試管，玻璃杯。

遊戲步驟

第一步：用清水稀釋綠色和紅色的鋼筆水，各灌入一個小玻璃試管中，
然後把兩個試管置入一個玻璃杯裡。

第二步：把一支開白花的花梗（例如玫瑰花或丁香花）切開，把切開的
兩支花梗末梢分別放入兩個玻璃管中。

遊戲現象

花梗很快就會改變顏色，只要幾個小時，花朵就會變成一半為紅一
半為綠的雙色奇花。

科學揭秘

有色液體順著花梗上平時從根部吸取水分和營養的毛細管上升，顏
色最後停留在花瓣上，而其中的液體則透過孔隙散發到外面。

3

第三章

和人體有關的小遊戲

1、被吹起來的帽子

對著鏡子，隨便吹口氣，旁邊站著的人的帽子就能騰空而起，好大的「口氣」！

遊戲道具

穿衣鏡一面，帽子一頂。

遊戲步驟

第一步：這個遊戲需要兩個人來完成。其中一個人站在鏡子邊上，臉靠近鏡子，貼在鏡子上，閉上雙眼。

第二步：另一個人站到鏡子的豎邊上，鏡子的豎邊將其分成兩部分，一部分在鏡子前，一部分在鏡子後。

第三步：站在鏡子豎邊的人帶上一頂帽子，然後讓站在鏡子前面的人睜開眼睛，並且說道：「請看，我的雙臂平伸到身體兩側了，請你對著我的帽子吹口氣！」

第四步：站在鏡子前面的人對著帽子吹氣，觀察現象。

遊戲現象

帽子騰空而起，又落到了腦袋上。

科學揭秘

這個小遊戲利用了平面鏡成像時，物象對稱的特點。站在鏡子前面的人，從鏡子中看到戴帽子人的雙臂平伸起來了。他所看到的，一半是

實體，一半是鏡像。實際上，戴帽子者只伸直了一隻手臂，但根據物象對稱的規律，人們在鏡子中看到了兩隻舉起的手臂。戴帽子者的另一隻手臂將帽子舉了起來，好像是吹氣者吹起來的。由於吹氣者臉部緊貼著鏡子，是看不到戴帽子者用一隻手來拿起帽子這個動作的。

2、快速下落的鈔票

　　你總是不服氣，喊著：「再來再來！」可是你卻一次又一次輸掉了。看著這個遊戲的科學分析，你會恍然大悟。此遊戲建議人數兩人，當然多幾個旁觀者更好，增加遊戲的氣氛嘛。

遊戲道具

　　紙幣一張。

遊戲步驟

第一步：將鈔票對折，請一個人用拇指和食指夾住鈔票，鈔票呈豎立狀。

第二步：你的拇指和食指，放在鈔票的兩邊。

第三步：對方鬆手，你試著將鈔票夾住。

遊戲現象

　　如果不出意外情況，你一次也無法將落下的鈔票夾住。無論試驗幾次，你怎麼加快動作，總是遲緩一步。這是一個手不及眼快的經典案例。

科學揭秘

假如我們將抓東西這個動作，分解成一個慢鏡頭：

鏡頭一：眼睛看見鈔票落下。

鏡頭二：眼睛將看到的鈔票反映到大腦。

鏡頭三：大腦向手指發出「接住它」的指令。

鏡頭四：手指開始動作。

但是，這個過程實在太「漫長」了，當手指接到大腦指令的時候，鈔票已經落下，手指已經無法接住了。這個過程雖然不到一秒鐘，但是經過了四道程序。

也有一種特殊的情況，你的手指能接到鈔票，就是你一人身兼兩職：一手拿鈔票，一手接鈔票。在這種情況下，你對自己本身的動作會有一個預測，有一個感覺，會在潛意識裡面調節雙手的動作，去自動接落下的鈔票。當你的手處於鬆開之前時，大腦會給另一隻手發出「接住它」的指令。這靠的是感覺，而不是視覺。不信，你閉上眼睛試一試，照樣能做得到。

3、無法觸碰的鉛筆尖

常言道:「眼見為真。」人們總相信自己親眼所看到的東西,但親眼看到的東西未必正確,下面這個遊戲能驗證這一道理。

遊戲道具

兩枝削尖了的鉛筆。

遊戲步驟

第一步:一手拿一枝鉛筆,使它們筆尖相對,相距六十公分。

第二步:雙手抬高到眼睛的高度,閉上一隻眼睛,試著讓兩個鉛筆尖觸碰,動作要快。

遊戲現象

令你感到沮喪的是，無論你怎麼用心，兩個鉛筆尖總是無法碰到一起。

科學揭秘

這個遊戲說明，眼睛未必是可靠的。平時我們用兩隻眼睛去觀察事物的時候，物體具有立體感，眼睛可以較為準確地測量到人和物體之間的距離。閉上一隻眼睛後，兩隻眼睛同時看物體的視覺優勢就消失了，物體的距離感難以精確感知，所以，很難將兩枝鉛筆尖相觸碰。

但是，只要進行反覆練習，學會在新情況下自我調節雙手動作，閉上一隻眼睛後，是可以使兩枝鉛筆尖相觸碰的。

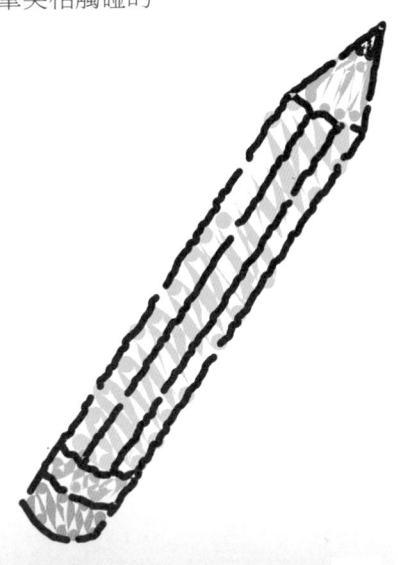

4、冷熱難分

有時候，人們的感覺會給你指引正確的方向；但是感覺也有失調的時候，請看下面這個遊戲。

遊戲道具

大碗三個，冷水適量，熱水適量，和室溫接近的溫水適量。

遊戲步驟

第一步：一個大碗裝上冷水，一個大碗裝熱水，另一個大碗裝溫水。

第二步：兩隻手分別在冷水和熱水中浸泡三分鐘。

第三步：然後將兩隻手放到溫水中，感覺現象。

遊戲現象

你是否無法分辨，這碗和室溫等同的水，到底是熱水還是冷水了呢？

科學揭秘

這是因為你的身體裡面有了「冷」和「熱」兩種不同的信號。大腦從冷手、熱手收集到了兩個矛盾的資訊，一個資訊告訴大腦：這碗（溫水）是冷的；而另一個資訊則告訴大腦：這碗（溫水）是熱的。大腦受到矛盾資訊的干擾，無法做出正確的判斷。

冷和熱，都是一個相對的概念，是以某種參照物做為基礎的。在這個遊戲中，溫水面臨著兩個參照物，一個是熱水，一個是冷水，所以我們無法感知這盆溫水到底是熱，還是冷了。

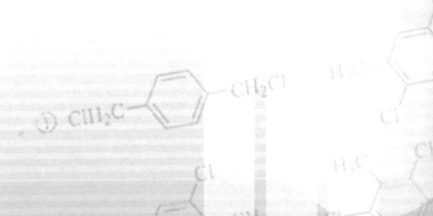

5、連續拉響的手指

　　或許你能將手指關節拉的嘎嘎脆響，但你卻未必能在五分鐘之內連續拉響同一個手指關節，不信？立刻試試。

遊戲道具

　　計時器一個。

遊戲步驟

第一步： 先將手指某一個關節拉響。

第二步： 聽不見響聲的時候開始計時，五分鐘之內，試著再拉剛才發出

響聲的那個關節。

遊戲現象

你會發現，同一個關節是無法在五分鐘之內連續響兩次的。

科學揭秘

人的手指關節為什麼能夠發出嘎嘎的脆響？一般人認為這是那人力氣大的緣故，其實並非如此。人的手指關節之所以發出脆響，是因為關節內有一定量的液體，少量氣體溶解在液體中，當手指關節受到拉伸時，關節內的液體受到的壓力驟然減小，溶解在液體內的氣體冒了出來，發出了脆響。這種現象就和我們打開汽水瓶蓋所發出的聲音一樣。

但是，手指關節中的氣體，無法跑到其他地方。大約十五分鐘後，手指關節中的液體再次將氣體吸收，你就又可以拉動手指關節，傾聽嘎嘎的脆響了。所以，一般情況下，一個人要想在五分鐘之內讓同一個手指關節連續脆響兩次，是很難辦到的。

6、細微顫抖的肌肉

　　人體蘊藏著好多你所不知道的秘密，比如人們的肌肉經常處於收縮和放鬆的變化中，下面這個遊戲可以讓你清楚地看到肌肉的顫抖。

遊戲道具

　　迴紋針一個，水果刀一把。

遊戲步驟

第一步：將迴紋針弄直，彎成「ｖ」字型。

第二步：將「ｖ」字型的迴紋針放在刀背上，將刀舉到桌面上，讓迴紋針的兩隻腳輕輕擱在桌子上。注意拿刀的手不要放在桌子上，或者靠著任何東西。

第三步：你試圖讓曲別針保持不動，觀察現象。

遊戲現象

　　事實上，讓迴紋針保持不動很難做得到，那個「ｖ」字型的迴紋針一直在動。你越是設法用力讓手穩住不動，「ｖ」字型的迴紋針在刀背上越是運動的厲害，就像走路似的。

科學揭秘

　　原來，人的手部肌肉，時常處於「收縮──放鬆──收縮──再放鬆」這樣的循環狀態，時刻交替變化著。這種交替變化，導致肌肉時刻處於一種輕微顫動的情形中。會走路的「ｖ」字型，實際上將這種肌肉

的抖動給放大了。你越是想用手將抖動的迴紋針控制住，手上用的力也
就越大，各部分肌肉緊張和鬆弛的狀態差別也就越大，手的顫動也就更
加明顯了。

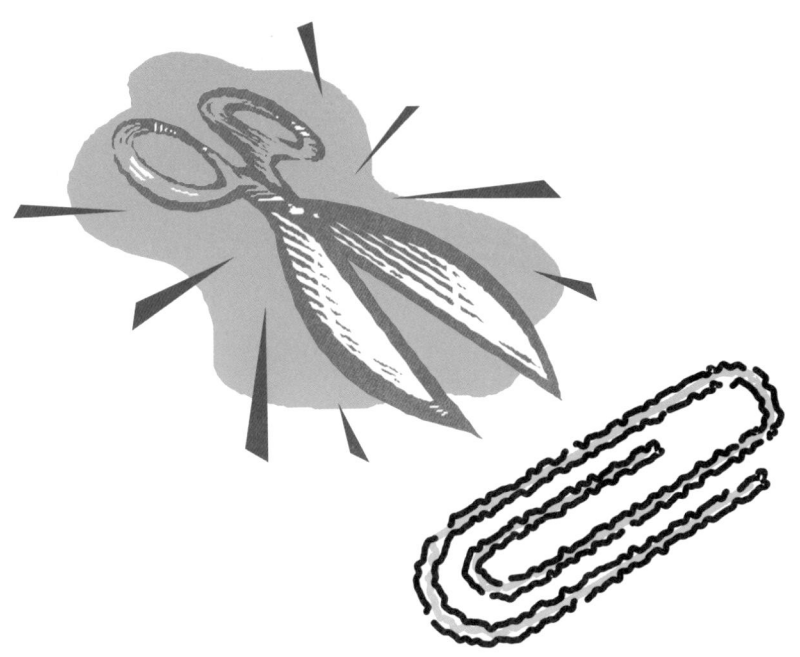

7、無法落地的硬幣

　　一枚硬幣夾在兩根手指之間，你卻沒有辦法讓它落地，知道這是為什麼嗎？

遊戲道具

　　硬幣一枚。

遊戲步驟

第一步：雙肘支在桌子上，雙掌合十，放在距離鼻子十五公分左右的地方。

第二步：兩隻手的無名指指肚相對，其他手指彎起來，指關節相對。

第三步：讓旁邊的人將硬幣放在你的兩根無名指指肚之間，你試著將兩
根手指分開，讓硬幣落下。

遊戲現象

無論你怎樣用力，兩根無名指就像膠水黏合、電焊焊接一樣，牢牢
地在一起無法分開。

科學揭秘

這是因為，人的無名指是不可以自己運動的，必須要受到其他手指
的牽制，才能運動。生理學家發現，人的無名指受到韌帶的牽連，和其
他手指關係密切，中指對無名指的牽制最大。中指不運動，無名指也就
不能動彈了。所以，硬幣卡在兩根無名指之間，掉不下來了。

但是也有特例。一些人手上的韌帶特別長，無名指可不受其他手指
的限制而自由運動，比如鋼琴演奏者，他們的手韌帶都是很長的。但是
當食指、中指和小指關節緊緊挨在一起的時候，即便是鋼琴家，也無法
讓無名指自由運動了。

遊戲提醒

無名指不允許滑動，否則屬於違規。

8、揭秘胃是如何消化食物的

　　我們所進食的一日三餐，需要勤勞的胃來消化分解。那麼，胃是怎樣消化食物的呢？

遊戲道具

　　玻璃瓶兩個，煮熟的雞蛋兩個（帶殼），溫水適量，勺子一把，標籤兩個，普通清潔劑適量，鉛筆一枝，含酶的生物清潔劑少量。

遊戲步驟

第一步：兩個玻璃瓶內分別放入少量普通清潔劑和含酶的生物清潔劑，用鉛筆寫下標籤，貼在瓶子上。

第二步：往兩個瓶子內加溫水，搖動瓶子，使裡面的清潔劑和溫水充分

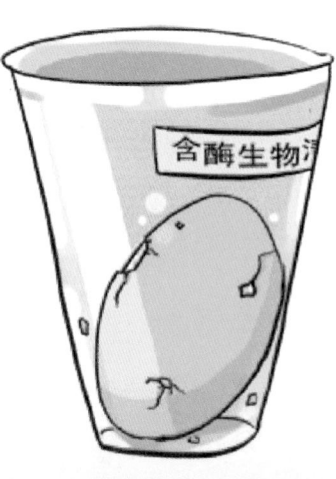

混合溶解。

第三步：往兩個瓶子裡面各放一個雞蛋，注意存放在溫暖的地方（避免直接接觸熱源），放置幾天後觀察現象。

遊戲現象

你會發現，標有普通清潔劑的瓶子，裡面的雞蛋沒有任何變化；而含酶清潔劑裡面浸泡的雞蛋，出現了蟲噬般的腐蝕現象。

科學揭秘

這是因為酶的分解作用。酶是由蛋白質組成的（少數酶是由RNA組成的），是生物體內細胞產生的一種生物催化劑。酶能在機體中十分溫和的條件下，高效率地催化各種生物化學反應，促進生物體的新陳代謝。生命活動中的消化、吸收、呼吸、運動和生殖都是酶促反應過程。

含酶的生物清潔劑，促使了雞蛋的分解。胃在消化分解食物的時候，道理是一樣的。我們的身體在消化食物的時候，產生了酶，酶將食物的分子分開，使它們溶於水，有利於身體各個消化系統更好的工作。

9、唾液是如何產生的？

你是不是感到奇怪：我們的口腔內為什麼總是在分泌唾液呢？下面這個小遊戲將為你揭開謎底。

遊戲道具

麵粉少量，碘酒溶液少許，冷水、熱水和溫水各適量，勺子一把，杯子一個，茶匙一支，試管一支，玻璃瓶一個，盤子一個，眼藥水滴嘴一個。

遊戲步驟

第一步：杯子裡面放一勺麵粉，加少量冷水，攪拌均勻後，將杯子倒滿熱水。

第二步：杯子裡面的混合物冷卻後，用勺子舀少許放在盤子上，往混合物上面滴幾滴碘酒溶液，觀察現象。

第三步：往試管內添加盡可能多的唾液，再添加一勺混合物，用手指堵住試管口，用力搖晃。

第四步：玻璃瓶內倒入溫水適量，然後將試管浸入溫水中，但注意不要讓溫水進入試管。

第五步：每半個小時用眼藥水滴嘴從試管內吸取少量混合溶液放到洗乾淨的盤子裡面，往混合溶液上面滴加碘酒溶液，觀察現象。

遊戲現象

第二步你會發現水和麵粉的混合物變成了藍色，這說明混合物裡面有澱粉存在；第五步，你會發現隨著時間的推移，碘酒溶液使混合溶液的顏色發生了改變；時間越長，顏色改變的越明顯，直到顏色完全改變。

科學揭秘

唾液中同樣含有酶，這種酶被稱為澱粉酶。澱粉酶能夠使澱粉轉化為麥芽糖，有利於人體的吸收。

我們在吃飯的時候可以體驗一下：慢慢咀嚼一口饅頭，一開始會感覺饅頭有點鹹味，咀嚼一段時間後，饅頭變甜了，這是唾液中的澱粉酶在發生作用。

我們身體中產生的各種酶，可以將食物進行消化分解，將食物轉化成比較容易消化的物質。

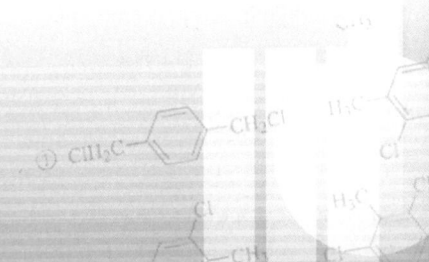

1〇、觀察瞳孔的變化

眼睛的瞳孔，會隨著光線強弱的變化而變化。

遊戲道具

鏡子一個，檯燈一盞。

遊戲步驟

第一步：挑選一間光線昏暗的房間，打開檯燈，使檯燈的光線強烈，但避免光線直射眼睛。在鏡子中觀察瞳孔的大小。

第二步：關掉燈，在光線較弱的房間內，透過鏡子觀察瞳孔的大小。

遊戲現象

在光線較強的時候，瞳孔比較小；光線較弱的時候，瞳孔變大。

科學揭秘

瞳孔指虹膜中間的開孔，是光線進入眼內的門戶眼睛中的虹膜呈圓盤狀，中間有一個小圓孔，這就是我們所說的瞳孔，也叫「瞳仁」。瞳孔在亮光處縮小，在暗光處散大。只有足夠的光線，我們的眼睛才能看到物體。在光線不充足的時候，為了更好的捕捉光線，瞳孔放大，以便

使更多的光線進入眼睛；光線強烈的時候，為了避免眼睛被灼傷，瞳孔縮小，將一部分光線阻擋在眼睛外面。

　　某些動物在光線很弱的夜間能夠看見東西，是因為眼睛構造的奇特。比如貓，在夜間的視力比白天更強，這是因為牠們的眼睛裡面有大量細胞，能將十分細微的光線納入眼中。

　　眼鏡蛇在夜間也可以清楚的看到東西。眼鏡蛇的眼睛構造十分奇特，在眼睛和鼻子之間，佈滿了很多小窩，這些小窩由很多細胞組成，可以靈敏地捕捉到光線發出的熱量，準確定位獵物的位置。

國家圖書館出版品預行編目資料

全世界都在玩的科學遊戲 / 腦力&創意工作室編著.
第一版——臺北市：宇河文化出版；
紅螞蟻圖書發行, 2009.6
面 ； 公分. ——（新流行；19-20）

ISBN 978-957-659-715-2（上冊；平裝）
ISBN 978-957-659-716-9（下冊；平裝）

1.科學 2.科學實驗 3.通俗作品
307.9   98007037

新流行 20

全世界都在玩的科學遊戲（下）

編　　著／腦力&創意工作室
審　　訂／藍彥文
美術構成／Chris' office
校　　對／周英嬌、朱慧蒨、楊安妮
發 行 人／賴秀珍
榮譽總監／張錦基
總 編 輯／何南輝
出　　版／宇河文化 出版有限公司
發　　行／紅螞蟻圖書有限公司
地　　址／台北市內湖區舊宗路二段121巷28號4F
網　　站／www.e-redant.com
郵撥帳號／1604621-1　紅螞蟻圖書有限公司
電　　話／(02)2795-3656（代表號）
傳　　真／(02)2795-4100
登 記 證／局版北市業字第1146號
數位閱聽／www.onlinebook.com
港澳總經銷／和平圖書有限公司
地　　址／香港柴灣嘉業街12號百樂門大廈17F
電　　話／(852)2804-6687
新馬總經銷／諾文文化事業私人有限公司
新 加 坡／TEL：(65) 6462-6141　　FAX：(65) 6469-4043
馬來西亞／TEL：(603) 9179-6333　　FAX：(603) 9179-6060
法律顧問／許晏賓律師
印 刷 廠／鴻運彩色印刷有限公司
出版日期／2009年6月　第一版第一刷

定價240元　港幣80元

ISBN 978-957-659-716-9　　　　　　　　Printed in Taiwan